办公自动化教程

（电力方向）

主　编　赖　特　袁　强　张　超
副主编　段炼红　张晓云　张　庆
参　编　秦　界　陈昊阳　詹　雯
主　审　杨迎春　周　剑　范　宇

黄河水利出版社

·郑州·

内 容 提 要

本书按照国网四川省电力公司科技项目任务书的预定目标编写,针对电力行业当前办公自动化实际情况,结合 WPS Office 办公软件,以快速提升读者的办公自动化操作技能。全书包含三部分内容,共10章:第1部分 WPS 文字处理共4章,第2部分 WPS 表格处理共4章,第3部分 WPS 演示共2章。全书以当前电力行业办公自动化中常用的案例进行讲解,图文并茂、条理清晰、通俗易懂,便于读者上机实践。

本书内容全面,案例丰富,适用于电力行业刚入职的新员工,以及具有一定的办公软件使用基础且期待快速提升办公操作技能的员工,尤其适用于偏远艰苦地区和少数民族地区电力企业职工。

图书在版编目(CIP)数据

办公自动化教程:电力方向/赖特,袁强,张超主编. —郑州:黄河水利出版社,2021. 3
ISBN 978-7-5509-2954-8

Ⅰ.①办… Ⅱ.①赖…②袁…③张… Ⅲ.①办公自动化-应用软件-教材 Ⅳ.①TP317. 1

中国版本图书馆 CIP 数据核字(2021)第 052287 号

组稿编辑:田丽萍 电话:0371-66025553 E-mail:912810592@ qq. com

出 版 社:黄河水利出版社   网址:www. yrcp. com
地址:河南省郑州市顺河路黄委会综合楼 14 层   邮政编码:450003
发行单位:黄河水利出版社
发行部电话:0371-66026940、66020550、66028024、66022620(传真)
E-mail:hhslcbs@ 126. com
承印单位:河南新华印刷集团有限公司
开本:787 mm×1 092 mm 1/16
印张:11
字数:250 千字
版次:2021 年 3 月第 1 版   印次:2021 年 3 月第 1 次印刷
定价:45.00 元

前 言

随着信息化技术的快速发展,企业对职工办公自动化工具的使用要求越来越高。为快速提高电力企业职工的办公自动化操作技能,特组织编写本书。本书编者均为在办公自动化领域具有丰富经验的老师。

本书以国家电网 WPS 2016 定制化软件为操作平台,重点介绍了电力行业办公过程中常用的 WPS 文字、WPS 表格、WPS 演示三大组件模块的操作应用。本书内容全面,案例丰富,适用于电力行业刚入职的新员工,以及具有一定办公软件使用基础且期待快速提升办公操作技能的员工,尤其适用于偏远艰苦地区和少数民族地区的电力企业职工。

全书包含三大部分,共 10 章:第 1 部分 WPS 文字处理共 4 章,包括 WPS 中隐藏的黑科技、WPS 文字处理基本操作篇、WPS 文字处理能力提升篇和 WPS 文字处理效率翻倍篇。第 2 部分 WPS 表格处理共 4 章,包括 WPS 表格数据导入篇、WPS 表格数据加工篇、WPS 表格公式使用篇和 WPS 表格图表绘制篇。第 3 部分 WPS 演示共 2 章,包括 WPS 演示素材选取篇、WPS 演示设计美化篇。全书以实际办公过程中常见的案例操作为原型,着重对读者技能提高的培养,图文并茂、条理清晰、通俗易懂,读者在阅读过程中应结合实际上机操作,边学边练,才能达到灵活应用、触类旁通的效果。

本书由国网四川省电力公司技能培训中心赖特、袁强、张超担任主编,段炼红、张晓云、张庆担任副主编,秦界、陈昊阳、詹雯参与了编写,杨迎春、周剑、范宇担任主审。其中,第 1 章由张超编写,第 2 章由詹雯编写,第 3 章由秦界编写,第 4 章由陈昊阳编写,第 5 章由袁强编写,第 6 章由张庆、袁强编写,第 7 章、第 8 章由张晓云编写,第 9 章由赖特、张庆编写,第 10 章由段炼红编写,全书由赖特负责统筹和组稿。在本书编写过程中,杨迎春、周剑、范宇提出了宝贵的意见,在此表示感谢!

限于编者的水平,书中难免有疏漏处,敬请读者批评指正。

编 者

2020 年 12 月

目 录

第 1 部分　WPS 文字处理

　　在日常办公过程中,文字处理软件是使用频率最高的软件之一。WPS 文字处理是 WPS 办公软件的一个组件,它集编辑与打印于一体,还提供了各种控制输出格式及打印功能,大大提高了文字处理的效率。

第1章　WPS 文字中隐藏的黑科技 ——重新认识文字处理

WPS 文字具有强大的功能,除基本的文本编辑、排版外,还有在处理特定问题时可用的黑科技,像邮件合并、表格管理、多文档处理等功能,这些功能的存在大大丰富了 WPS 的文字处理能力。

1.1　神奇的邮件合并,拒绝加班 so easy!

在日常工作、生活中,我们经常会遇到这些情况,比如说:批量打印信封、信件、请柬、明信片、各类证书、工资条、准考证、成绩单、表格等,这些要处理的文件的主要内容基本都是相同的,只是具体数据有变化而已。在制作大量格式相同、只需修改少数相关内容、其他文档内容不变的文件时,如果使用老方法一份一份地编辑打印,虽然每份文件只需修改个别数据,但是如果量比较大的话就会是一件相当苦恼的事。而 WPS 文字提供的邮件合并功能就能轻松解决这一烦恼。灵活运用邮件合并功能,可以大大提高工作效率,节省工作时间。

从字面上看邮件合并,好像必须发邮件才用得着,其实不然,它的主要作用在于文件合并。就是先建立一个包含所有文件共有内容的主文档和一个包含变化信息的数据库,然后使用邮件合并功能在主文档中插入变化的信息,形成一个合并的新文件。合成后的文件可以保存到新文档或不同的新文档中,也可以打印,当然也可以以邮件形式发出去。

邮件合并功能在【引用】选项卡中,如图 1-1 所示。

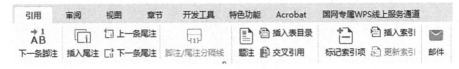

图 1-1　邮件合并功能

1.1.1　利用邮件合并制作工资明细表

在此以制作员工工资明细表为例,详细介绍邮件合并功能的使用技巧。

(1)首先在 WPS 文字中建立一篇通用的主文档模板,将工资明细的表格框架先搭建起来,如图 1-2 所示。

(2)用 WPS 表格或 Excel 制作一张数据库表,包括:编号、姓名、部门、基本工资、奖金、补助、应发工资、扣款、实发工资、邮箱,完成后的工作表如图 1-3 所示。

(3)在完成两个文档的编辑后,回到主文档"工资明细"中,选择【引用】→【邮件】,进入邮件合并功能区,如图 1-4 所示。

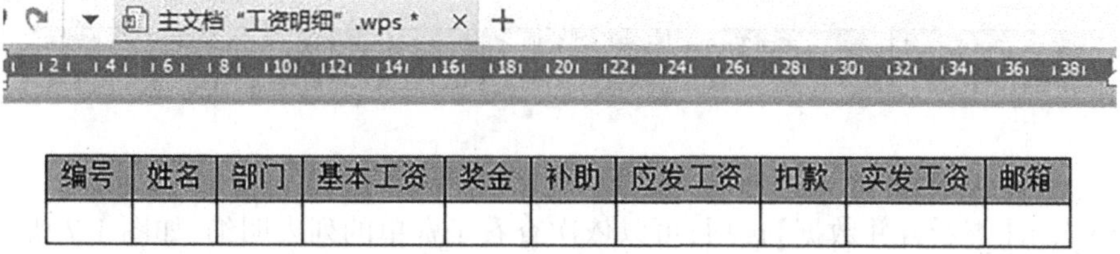

编号	姓名	部门	基本工资	奖金	补助	应发工资	扣款	实发工资	邮箱

图 1-2 主文档"工资明细"

	A	B	C	D	E	F	G	H	I	J
1	编号	姓名	部门	基本工资	奖金	补助	应发工资	扣款	实发工资	邮箱
2	1	张三	人资	3000	500	100	3600	60	3540	zhangs@vps.com
3	2	李四	财务	2800	550	120	3470	70	3400	lis@vps.com
4	3	王五	计划	3200	600	50	3850	100	3750	wangv@vps.com
5	4	赵六	信息	3000	450	80	3530	40	3490	zhaol@vps.com

图 1-3 数据源"工资明细"

开始	插入	页面布局	引用	审阅	视图	章节	开发工具	特色功能	邮件合并

打开数据源▾ 收件人 插入合并域 合并域底纹 插入Next域 域映射 查看合并数据 首记录 上一条 下一条 尾记

主文档"工资明细".wps * × +

图 1-4 邮件合并功能区

(4)选择【打开数据源】,导入刚建立的"工资明细"表。将光标置于表格内要插入相应项目的位置,点击【插入域】,调出【插入域】对话框,如图 1-5 所示,在【数据库域】中选择插入的字段要保证与电子表格标题行中的一一对应,直至操作完毕,如图 1-6 所示。

图 1-5 "插入域"对话框

编号	姓名	部门	基本工资	奖金	补助	应发工资	扣款	实发工资	邮箱
《编号》	《姓名》	《部门》	《基本工资》	《奖金》	《补助》	《应发工资》	《扣款》	《实发工资》	《邮箱》

图 1-6　插入数据库

（5）点击【查看合并数据】选项，可以依次查看工资单的列表明细，如图1-7所示。

编号	姓名	部门	基本工资	奖金	补助	应发工资	扣款	实发工资	邮箱
1	张三	人资	3000	500	100	3600	60	3540	zhangs@wps.com

编号	姓名	部门	基本工资	奖金	补助	应发工资	扣款	实发工资	邮箱
2	李四	财务	2800	550	120	3470	70	3400	lis@wps.com

编号	姓名	部门	基本工资	奖金	补助	应发工资	扣款	实发工资	邮箱
3	王五	计划	3200	600	50	3850	100	3750	wangw@wps.com

编号	姓名	部门	基本工资	奖金	补助	应发工资	扣款	实发工资	邮箱
4	赵六	信息	3000	450	80	3530	40	3490	zhaol@wps.com

图 1-7　合并域后的效果

（6）发邮件通知相关人员。选择【合并到电子邮件】，打开该对话框，如图1-8所示。在"收件人"处选择"邮箱"；并在"主题行"一栏中写明"1月份工资单"，可以选择以附件或纯文本的方式发送。"发送记录"选择"全部"，此时点击【确定】，后台会调用本地默认的邮件服务器并发送邮件。数据库中的员工就可以只收到属于自己的工资单了。

图 1-8　"合并到电子邮件"对话框

如果不需要将工资明细发送到员工邮箱，可以选择合并到新文档或者合并到不同新文档，也可以合并到打印机用于打印。其中，合并到新文档，是将所有员工的工资明细保存在一个文档中，而合并到不同新文档，是将每个员工的工资明细分别保存为一个文档。

有时候发送邮件时需要带附件，那么附件是如何加进去的呢？在完成邮件合并后，点击【插入】→【对象】,弹出"插入对象"窗口,选择"由文件创建",选择附件保存路径,勾选"显示为图标",如图 1-9 所示,点击【确定】完成添加,如图 1-10 所示。

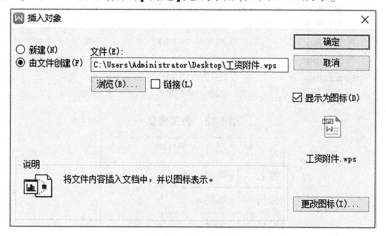

图 1-9　"插入对象"窗口

编号	姓名	部门	基本工资	奖金	补助	应发工资	扣款	实发工资	邮箱
《编号》	《姓名》	《部门》	《基本工资》	《奖金》	《补助》	《应发工资》	《扣款》	《实发工资》	《邮箱》

图 1-10　带附件的邮件

1.1.2　利用邮件合并填写带图片的表格

利用邮件合并功能可以实现将大量差异的数据一次性插入模板并分别保存,因此演变出了许多提升工作效率的运用。例如填表,甚至是填写带图片的表格,本书以制作员工工作证为例。

根据之前案例的操作步骤,首先准备素材,一个通用主文档模板、一份数据源,其中数据源中包括:工号、姓名、部门、照片等信息。在编辑"照片"列时,只需要写一个简单公式"=B2&'.jpg'",很容易就搞定了,如图 1-11 所示。

员工工作证	
姓名	
部门	
工号	

▲	A	B	C	D
1	工号	姓名	部门	照片
2	001	张三	人资	张三.jpg
3	002	李四	财务	李四.jpg
4	003	王五	计划	王五.jpg
5	004	赵六	信息	赵六.jpg

图 1-11　主文档和数据源

有了主文档和数据源之后,还需要员工照片,将员工照片、主文档、数据源都放在同一文件夹下,照片的命名必须与数据源中的名字一致,如图 1-12 所示。

文字部分的插入合并域操作不再赘述,如图 1-13 所示。

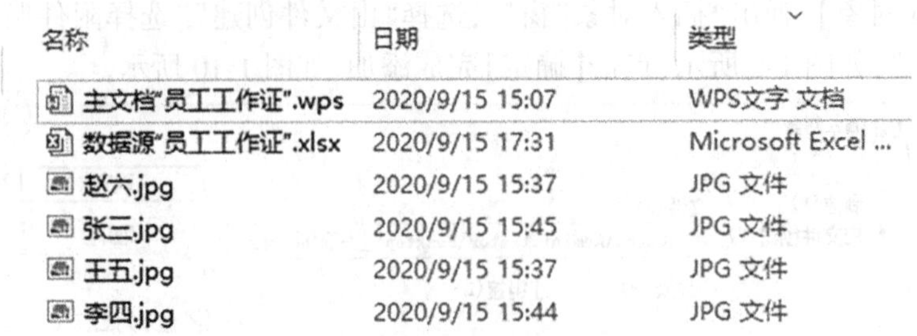

名称
日期
类型
主文档"员工工作证".wps
2020/9/15 15:07
WPS文字 文档
数据源"员工工作证".xlsx
2020/9/15 17:31
Microsoft Excel ...
赵六.jpg
2020/9/15 15:37
JPG 文件
张三.jpg
2020/9/15 15:45
JPG 文件
王五.jpg
2020/9/15 15:37
JPG 文件
李四.jpg
2020/9/15 15:44
JPG 文件

图 1-12　员工信息

员工工作证		
姓名	«姓名»	
部门	«部门»	
工号	«工号»	

图 1-13　文字插入合并域

接下来最重要的步骤就是导入照片，将光标移动至插入图片的地方，点击【插入】→【文档部件】→【域】，弹出"域"窗口，在域名里选择"插入图片"，在域代码中输入任意自定义值，为方便辨认，本案例在此处输入"1"(注意是英文双引号)，如图 1-14 所示，最后点击【确定】。

域
请选择域
域名(F):
自动序列号
标记目录项
当前时间
打印时间
创建目录
文档的页数
文档变量的值
邮件合并
样式引用
插入图片
插入文本
文档属性
文件名
链接
自动图文集
自动图文集列表
Set
Ask
高级域属性
域代码(C):
INCLUDEPICTURE "1"
说明：通过文件插入图片
更新时保留原格式(V)
应用举例：假定图片的路径为"D:\\kingsoft.jpg"，域代码："INCLUDEPICTURE "D:\\kingsoft.jpg"
预览：
[图片]
确定
取消

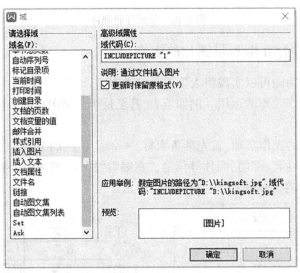

图 1-14　"域"窗口

设置完域后，此时还不能显示图片，如图 1-15 所示。此时还剩下两个步骤要完成，第一步点击图片，按组合键【Shift】+【F9】显示域代码，如图 1-16 所示，选中数字 1，点击【邮件合并】→【插入合并域】，在弹出的合并字段中选择"照片"，如插入完成，域代码变为图 1-17 所示，原来数字 1 的位置已被照片合并域代替。第二步点击【合并到新文档】，按组合键【Ctrl】+【A】全选文档，按快捷键【F9】，文档刷新，照片全部出现，完成员工工作证的制作。还可调整照片大小使其显示合适,如图 1-18 所示。

员工工作证		
姓名	《姓名》	
部门	《部门》	
工号	《工号》	

图 1-15　未显示图片的工作证

员工工作证		
姓名	《姓名》	{
部门	《部门》	INCLUDEP
工号	《工号》	ICTURE
		"1"　*
		MERGEFO
		RMAT }

图 1-16　域代码

员工工作证		
姓名	《姓名》	{
部门	《部门》	INCLUDEP
工号	《工号》	ICTURE "《
		照片》" *
		MERGEFO
		RMAT }

图 1-17　替换后的域代码

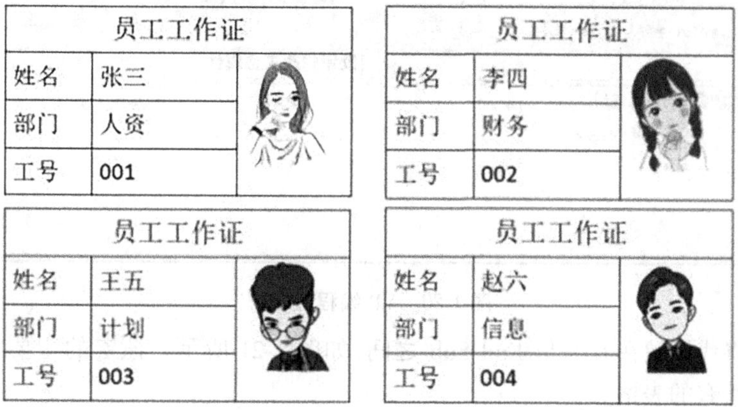

员工工作证		
姓名	张三	
部门	人资	
工号	001	

员工工作证		
姓名	李四	
部门	财务	
工号	002	

员工工作证		
姓名	王五	
部门	计划	
工号	003	

员工工作证		
姓名	赵六	
部门	信息	
工号	004	

图 1-18　员工工作证

1.2　文字处理中表格这么玩儿,才更炫

1.2.1　批量修改表格属性

我们在使用 WPS 文字编写文档或者书籍的时候,可能会有许多表格,几十个甚至上

百个表格。有没有什么办法能够一次性修改文档中所有的表格呢？这里就需要用到"宏"了,"宏"是用 VB 语言编写的程序,是 WPS 文字自动化应用的重要工具。

(1)点击【开发工具】→【宏】,或者按快捷键【Alt】+【F8】,在"宏名"中输入"批量修改表格属性",如图 1-19 所示。

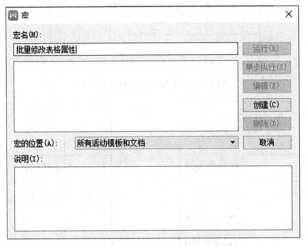

图 1-19　新建宏

(2)点击【创建】,弹出 VB 编程对话框,在对话框中已经自动生成 VBA 程序的开始和结束语句,其中绿色句子为注释语句,不影响程序的执行,如图 1-20 所示。

图 1-20　VB 编程对话框

接下来将代码填在 Sub 与 End Sub 之间,如图 1-21 所示。该宏的主要作用是,一次选中文档中所有的表格。

(3)代码输入完成后,关闭 VBA 编辑器,并在要使用宏的文档中点击【开发工具】→【宏】,在弹出的宏命令选择框中选择"批量修改表格属性",点击【运行】执行宏命令,文档中所有表格已被选中,单击鼠标右键,选择【表格属性】,即可对文档中的所有表格进行统一设置。

1.2.2　添加表格不规则框线

我们制作表格的时候,经常会遇到各种特殊的框线,比如图 1-22 所示的单斜线、双斜线,甚至多斜线。

(1)单斜线的制作比较便利,只需要选中需要添加单斜线的单元格,单击鼠标右键选

图 1-21　VB 代码

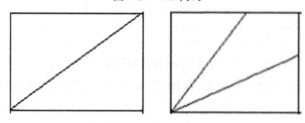

图 1-22　单斜线和双斜线

择【边框与底纹】,如图 1-23 所示,选择应用于单元格,然后点击正确的向左或向右斜线就可以了。

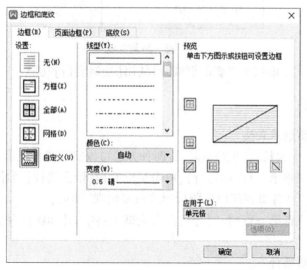

图 1-23　边框与底纹对话框

　　(2)绘制双斜线、多斜线时需要使用表格工具中的【绘制表格】功能,如图 1-24 所示,选择需要添加斜线的单元格,点击【绘制表格】后,出现一支画笔,便可在单元格中进行绘制,可以绘制横线、竖线、斜线,绘制完成后再次点击【绘制表格】,即可退出绘制。

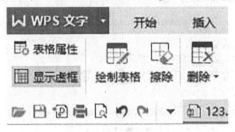

图 1-24　绘制表格功能区

1.2.3　表格框线快速对齐

插入表格时,你会发现表中同一列的宽度都是一样的。当需要制作如图 1-25 所示的表格时,你会发现拖动框线,整列的竖线都一起移动了,那该如何操作呢?

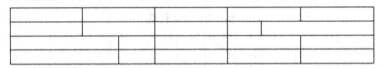

图 1-25　不规则表格

(1)选中需要拖动框线的单元格,鼠标停留在框线上,当鼠标变成双向箭头 ↔ 即可拖动,如图 1-26 所示。

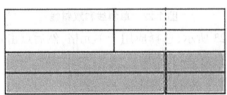

图 1-26　拖动框线

(2)如果需要大量增加不规则的框线,可使用【绘制表格】功能。

1.2.4　表格跨页

1.2.4.1　表格跨页继承表头

当遇到表格太大太长,已经跨页时,有两种方法可以实现跨页继承表头。

方法一:选中表格第一行(标题行),单击鼠标右键,依次选择【表格属性】→【行】,如图 1-27 所示,勾选"在各页顶端以标题行形式重复出现"即可。

方法二:选中表格第一行(标题行),点击表格工具中的【标题行重复】即可,如图 1-28 所示。

1.2.4.2　表格跨页断行

当遇到一页的最后一个单元中内容太多,有一部分出现在下一页时,可以选中该单元格,单击鼠标右键,依次选择【表格属性】→【行】,如图 1-29 所示,取消"允许跨页断行",即可实现单元格中的内容都在同一页上。

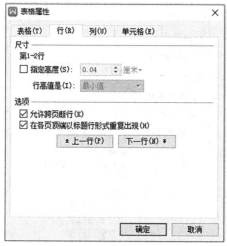

图 1-27　表格属性对话框(一)

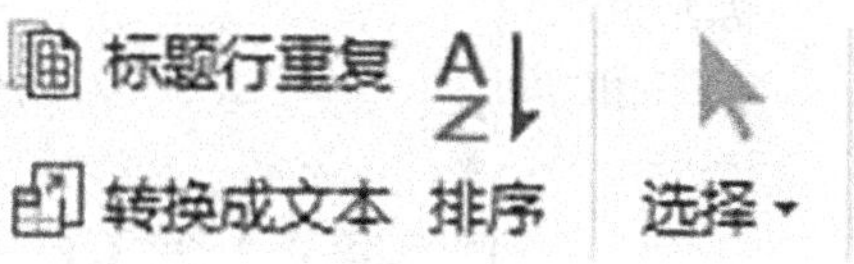

图 1-28　标题行重复功能

图 1-29　表格属性对话框(二)

1.2.5　表格自动计算

我们都知道 WPS 表格主攻数据计算,而 WPS 文字也可以实现简单的函数计算。如表 1-1 所示,将光标放在 Z1 处,点击表格工具,选择【公式】,弹出"公式"对话框,如图 1-30 所示,会自动出现左侧求和公式,点击【确定】即可求得"1.1+2.1"的和,也可以设置最后显示数据的格式,如图 1-31 所示。

表 1-1　数据表格

1.1	2.1	Z1
1.2	2.2	Z2
1.3	2.3	Z3

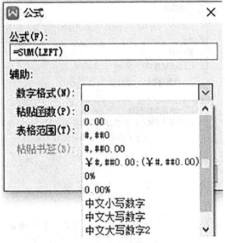

图 1-30 "公式"对话框	图 1-31 公式设置

　　WPS 文字公式中包含求和、求积、求个数、求余数、四舍五入、逻辑运算等,可以根据需要在粘贴函数中进行选择,如图 1-32 所示。

　　使用 WPS 文字公式计算时,如果数据源有变动,结果不会自动更新,需要手动选择需要更新的计算结果,按【F9】键或者单击鼠标右键,选择【更新域】实现更新。

　　WPS 文字公式计算式默认的表格范围包括 LEFT(左)、RIGHT(右)、ABOVE(上)、BELOW(下),如图 1-33 所示。由于 WPS 文字和 WPS 表格的单元格命名方法是一致的,如表 1-2 所示,所以如果要计算表 1-1 中"1.1+2.3"的结果,只需要在公式栏中输入" =SUM(A1,B3)"即可求得结果。

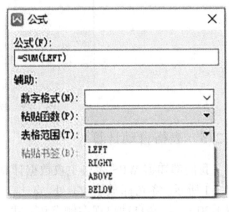

图 1-32 函数类型	图 1-33 公式表格范围

表 1-2　表格中数据位置

项目	A	B	C
1	1.1	2.1	Z1
2	1.2	2.2	Z2
3	1.3	2.3	Z3

1.2.6　表格文字失踪之谜

有时候我们会发现填进表格的文字不见了,这是因为页面大小与表格不匹配,也就是页面太小装不下表格,就需要调整页面或者表格的大小,一般采用的页面大小是 A4,所以调整大小就行了。

方法一:选中整个表格,单击鼠标右键,依次选择【自动调整】→【根据窗口调整表格】,如图 1-34 所示,表格会根据页面大小自动调整,不见的文字也就出现了。

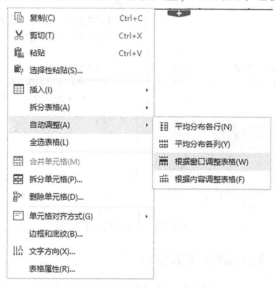

图 1-34　根据窗口调整表格

方法二:利用标尺调整表格大小,点击【视图】,勾选【标尺】,在页面上方就会出现标尺,如图 1-35 所示。选中整个表格,标尺右侧末尾变成灰色矩形框,鼠标放在上面,出现双向箭头↔,此时按住鼠标左键,向左、向右移动,便可调整表格大小了。

如果是页面底部的文字不见了,只需选中表格,单击鼠标右键,选择【表格属性】,选择"单元格"选项卡,点击【选项】,如图 1-36 所示,在弹出的单元格选项对话框中勾选"适应文字",点击【确定】。再切换到"行"选项卡 ,行高值选择"最小值",勾选"允许跨页断行",点击【确定】,表格会自动跨页显示不见的文字。

办公自动化教程（电力方向）

图 1-35　标尺

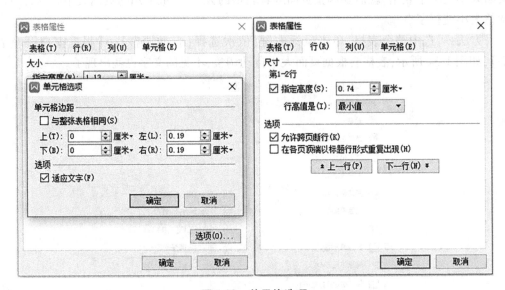

图 1-36　单元格选项

1.2.7　尾大不掉？轻松删掉文末空白页

我们制作完表格之后，有时候会遇到最后多了一页空白页，按【Backspace】键或者【Delete】键都删不掉，这是因为表格把这一页填太满了。有如下两种方法可以删除最后的空白页。

方法一：减小行间距：在空白页单击鼠标右键，点击【段落】，弹出段落对话框，如图 1-37 所示，在"行距"处选择"固定值"，设置值为"1"磅，点击【确定】即可删除最后的空白页。

方法二：减小页边距：点击【页面设置】中的【页边距】，选择"窄"方案，如果空白页还没删除，可以点击【页边距】→【自定义页边距】，弹出页面设置对话框，如图 1-38 所示，在"页边距"选项卡中上下左右输入合适的数字，直到最后的空白页删除。

图 1-37　段落设置

图 1-38　页面设置

1.2.8　文本秒变表格

我们经常会遇到一个文本格式,想要把它转换成表格,但当文本比较多时,逐个复制粘贴到表里又很烦琐,这在 WPS 文本中就能简单搞定。

(1)打开 WPS 文本,将原始文本数据拷贝进去,并进行简单的处理,需要隔开的列用特殊符号进行标记,可以使用逗号、空格等。建议使用空格,如果使用符号的话,有可能因为类型不同而无法识别,输入完成以后如图 1-39 所示。

(2)选中所有文本,点击【插入】→【表格】,点击下拉三角,选择"文本转换成表格",弹出"将文字转换成表格"对话框,如图 1-40 所示。根据实际设置表格尺寸,选择文字分隔位置,点击【确定】,文本就转换成表格了,如图 1-41 所示。生成的表格都是靠左对齐的,可以根据需要编辑表格。

序号　姓名　年龄　部门

1　张三　25　人资

2　李四　26　财务

3　王五　27　计划

4　赵六　28　信息

图 1-39　文本格式

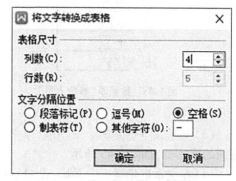

图 1-40　将文字转换成表格设置

同理,选中表格,点击【插入】→【表格】,点击下拉三角,选择"表格转换成文本",弹出"表格转换成文本"对话框,如图 1-42 所示,根据需要设置,即可实现。

序号	姓名	年龄	部门
1	张三	25	人资
2	李四	26	财务
3	王五	27	计划
4	赵六	28	信息

图 1-41　文字转换成表格

图 1-42　表格转换成文本设置

 ## 1.3　会议前的救急,分分钟搞定席卡

1.3.1　制作标准席卡内页

制作席卡内页需要用到 1.1 讲到的邮件合并功能。

(1)首先准备一份数据源,数据源中只包括参会人员,如图 1-43 所示。

(2)准备一个通用主文档模板,在 WPS 文字中点击【插入】→【文本框】,在空白处绘制一个文本框,在【绘图工具】中,根据桌签牌的大小设置文本框的大小,在此设置为高 10 厘米,宽 20 厘米,如图 1-44 所示。

图 1-43　数据源"参会人员"

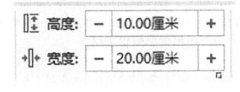

图 1-44　文本框尺寸设置

(3)如果文本框显示不全,可以拖动文本框调整位置。然后在此文本框下复制一个相同的文本框,如图 1-45 所示。

(4)在文本框中插入合并域,设置字体大小,并将文字设置为居中,这里只是水平居中,如图 1-46 所示。接着选中文本框,点击【文本工具】→【文本效果】→【更多设置】,如图 1-47 所示,点击【属性】→【文本框】,在"垂直对齐方式"中选择"中部对齐",效果如图 1-48 所示。

图 1-45　复制文本框　　　　　　　　图 1-46　插入合并域

图 1-47　文本效果设置　　　　　　　图 1-48　文本框中部对齐

（5）考虑到席卡内页需要对折，所以需要对第一个文本框进行设置。点击【绘图工具】→【旋转】→【垂直翻转】，如图 1-49 所示。此时页面设置已完成，如图 1-50 所示。

图 1-49　垂直翻转　　　　　　　　　图 1-50　席卡内页效果

（6）在【邮件】中点击【合并到新文档】，即可查看所有文档，如图 1-51 所示，选择打印完成席卡内页的制作。

（7）如果不想要文本框的边框，只需选中文本框，点击【绘图工具】→【轮廓】，选择"无线条颜色"即可。

1.3.2 没有桌签牌？A4 纸来顶上

在没有桌签牌的情况下，可以用 A4 纸折叠成桌签牌应急使用，方法同前文基本一样，只需要在准备通用主文档模板时，注意留出页边距用于粘贴，同时在页面上要插入三个文本框，折叠后第二个文本框放于桌面用于支撑，所以第二个文本框高度可以稍微小一点，在第一个和第三个文本框中插入合并域，最终效果如图 1-52 所示。

三张	四李
张三	李四
五王	六赵
王五	赵六

图 1-51　席卡内页

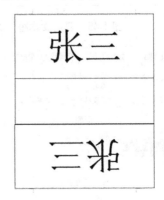

图 1-52　A4 桌签牌

📝 1.4　众里寻它：多文档处理技巧

1.4.1 比较文档修订结果

当有多人对同一文档修订，需要汇总不同人的意见时，可以通过比较文档修订结果。

（1）打开一个空白 WPS 文字文档，点击【审阅】→【比较】，打开"比较文档"对话框，如图 1-53 所示，在原文档和修订的文档处分别打开需要比较的两份文档。

点击【更多】，弹出"比较设置""显示修订"对话框，在"比较设置"对话框中选择比较的范围，包括批注、文本框、域、表格等。在"显示修订"对话框中选择修订的显示级别、修订的显示位置，点击【确定】。

（2）这时文档页面分为三个部分，如图 1-54 所示，左边是"比较结果文档"，结合了原文档和修订的部分。右上是"原文档"，右下是"修订的文档"。

（3）点击【审阅】→【审阅窗格】，可选择"垂直审阅窗格"或者"水平审阅窗格"，默认是"垂直审阅窗格"，如图 1-55 所示，页面右边出现"修订"栏，显示总共修订了多少处，是谁做了怎样的修订和修订内容。

注意：如果文档中带有数学公式及数据，无法进行比较。

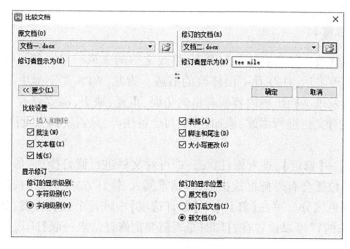

图 1-53　"比较文档"对话框

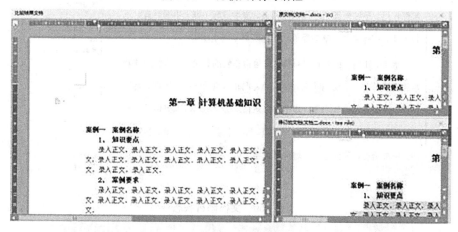

图 1-54　比较文档

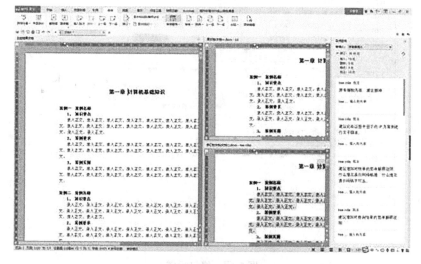

图 1-55　比较文档修订结果

1.4.2 审阅与修订

传统的文章修改一般用彩笔勾勾画画,修改之后的文章一目了然。电子文稿若通过普通手段增、删、改之后,往往看不出修改的痕迹。为此,WPS 文字提供了效仿传统修改的审阅功能。若发现文档出现内容或者格式错误、重复、缺失,需要修改、删除或补充,可利用修订功能。对文档进行修改,添加建议、写个备注等,只需要插入批注。

1.4.2.1 修订

点击【审阅】→【修订】,进入修订状态,即可对文档进行修订操作,如图 1-56 所示,默认情况下修订的位置会有外侧框线提示,包括审阅人、修订方式、修订内容等,不同的审阅人会有不同的颜色区分。可在【修订】→【修订选项】中进行个性化设置,如图 1-57 所示,其中"打印(批注框)"可以设置在打印时是否需要把修订结果一起打印。

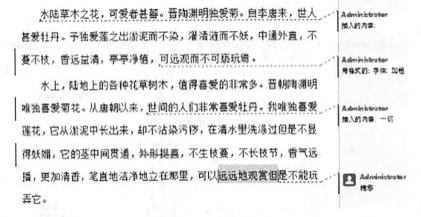

图 1-56　文档修订状态

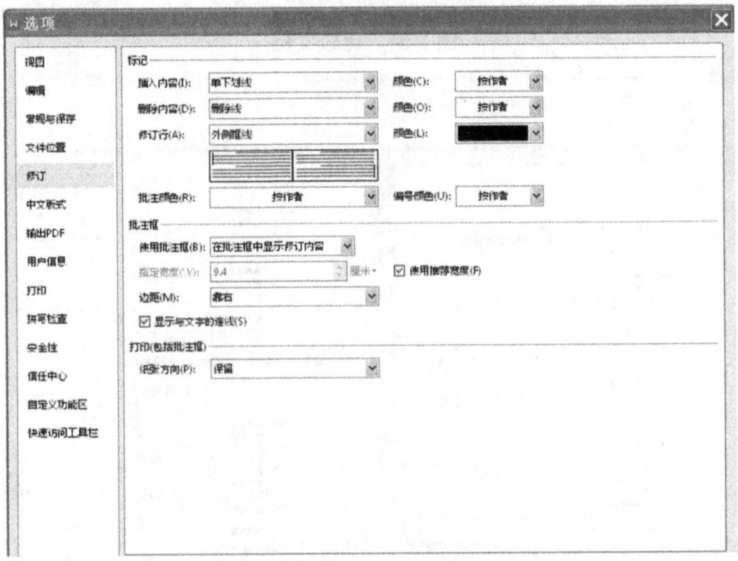

图 1-57　修订设置

修订工作栏还提供了"显示标记的最终状态""最终状态""显示标记的原始状态""原始状态"4 种视图类型,如图 1-58 所示。

"原始状态"视图,显示文档未被修订前的最初状态。"显示标记的原始状态"视图,列出每个审阅人对文档的修改过程。"最终状态"视图,显示文档修订后的文档效果。"显示标记的最终状态"视图,显示文档修改后的效果和修订描述。

退出修订状态,再次点击【审阅】→【修订】即可。

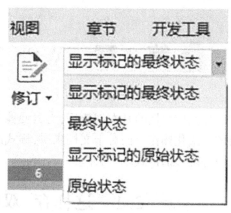

图 1-58　显示状态选择

如果接受修订,选中某一条修订描述,点击方框中的"√"号,或者点击【接受】。也可以点击【接受】下拉"接受对文档所做的所有修订"选项,一次性接受所有修订。还可以选中某个区域的修订,点击【接受】对此区域的修订一次性接受。

同理,如果不认可修订,可以点击【拒绝】,方法同接受一样。

1.4.2.2　批注

选中文档中需要添加批注的字、句、段落,点击【审阅】→【插入批注】,即可进行批注。如果需要对批注进行回复,点击批注右边的下拉箭头,进行回复即可,也可对此条批注进行删除,如图 1-59 所示。点击【审阅】→【删除】,可对文档中的批注进行一条一条删除,也可以一键删除文档中的所有批注。

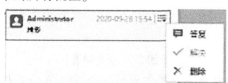

图 1-59　批注答复与删除

第 2 章　WPS 文字处理基本操作篇

在完成文档的基本创建后,为方便他人阅读文档或达到美观效果,需要对文档进行必要的格式化操作。而对于文档来讲,样式的设置可以提高文档的编排效率,快速为文本对象设置统一的格式。

2.1　这样存,双保险:不一样的保存设置

在编辑 WPS 文档时,电脑突然断电、死机或故障会导致文件内容丢失。为了避免辛苦的劳动成果付诸东流,需要在文档编辑过程中不断单击【保存】按钮或是通过快捷键【Ctrl】+【S】对文档进行保存,也可以在 WPS 文字中设置自动保存文档以防丢失。接下来介绍两种设置自动保存的方法。

方法一:首先进入 WPS 文字的操作界面,点击左上角的蓝色按钮【WPS 文字】后点击下方的【选项】按钮。进入"选项"对话框后点击左侧栏目中的【备份设置】操作界面,如图 2-1 所示。

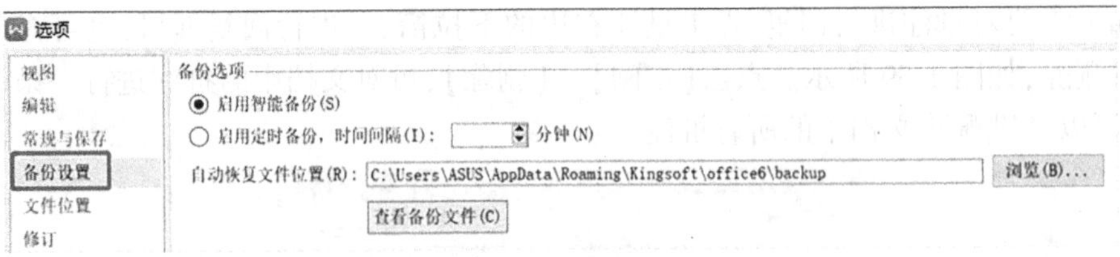

图 2-1　备份设置

方法二:首先进入 WPS 文字的操作界面,点击左上角蓝色按钮【WPS 文字】右侧的下拉三角箭头,进入其子级菜单,在菜单中点击【工具】后的三角箭头并在弹出的菜单列表中选择【选项】命令,单击后在弹出的对话框内找到【备份设置】选项,点击进入"备份设置"操作界面,如图 2-1 所示。

设置保存间隔时间,这样每次出现意外情况时才能打开最近保存的文件,如图 2-2 所示。

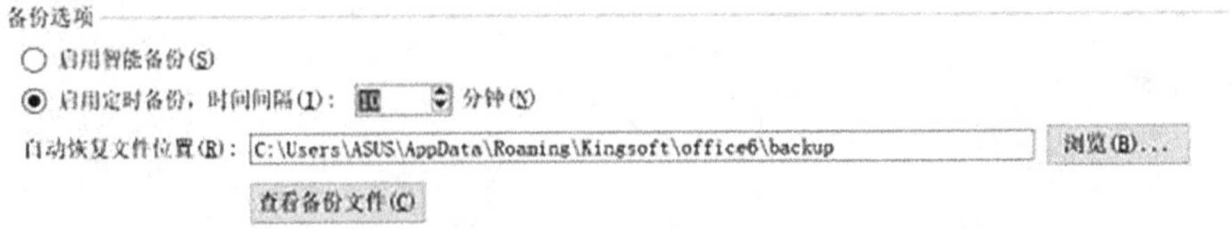

图 2-2　时间间隔设置

2.2　三十六计"键"为上：快捷键的使用技巧

在编辑文档过程中,快捷键能提高我们的办公效率。

2.2.1　常用快捷键

快捷键是我们在使用 WPS 文字时必不可少的,尤其是我们熟知的【Ctrl】+【C】和【Ctrl】+【V】大法,这类快捷键通常与【Ctrl】连用。WPS 文字常用快捷键如表 2-1 所示。

表 2-1　WPS 文字常用快捷键

创建新文档	Ctrl+N	复制格式	Ctrl+C
打开文档	Ctrl+O	粘贴格式	Ctrl+V
关闭文档	Ctrl+W	应用加粗格式	Ctrl+B
保存当前文档	Ctrl+S	应用下划线格式	Ctrl+U
打印文档	Ctrl+P	应用倾斜格式	Ctrl+I
查找文字、格式等	Ctrl+F	居中对齐	Ctrl+E
替换文字、格式等	Ctrl+H	左对齐	Ctrl+L
选定整篇文档	Ctrl+A	右对齐	Ctrl+R

2.2.2　【Alt】键

【Alt】键就是 Alter,改变的意思,交替换挡键。在 WPS 文字窗口按【Alt】键,会直接显示对应菜单和功能的快捷键。当文件打开较多时,可以借助【Alt】+【Tab】在多个窗口间进行切换,操作为按住【Alt】键不放然后间断按【Tab】键。

2.2.3　快速访问工具栏

WPS 文字的"快速访问工具栏"在"粘贴"的下方,如图 2-3 所示,我们可以点击右侧的下拉箭头"自定义快速访问工具栏"中的命令。

图 2-3　快速访问工具栏

2.3　回车键这么用才正确

2.3.1　回车的秘密：软与硬之谜

硬回车,是在 WPS 文字中按回车键(【Enter】键)产生的小弯箭头(),官方名称是段落标记,占两个字节。硬回车在换行的同时也起着段落分隔的作用。硬回车在 WPS 中代码为"^p"(小写英文字母p)。

软回车,是在WPS文字中按【Shift】+【Enter】键产生的直箭头(↓),官方名称是手动换行符,它不是真正的段落标记,无法作为单独的一段被赋予特殊的格式,只占一个字节。软回车是WPS为适应网页的格式而自动对文字采取的处理。软回车在WPS中代码为"^l"(小写英文字母l)。

2.3.2　段落间距与回车

为了让文档看起来清晰,标题与正文之间、正文各段落之间的距离明显。大部分用户使用回车进行区分,但实际操作过程中,有的时候间隔一行太少,间隔两行太多,甚至间隔一行都太多,这种操作就显得很不合理,所以在文档中我们一般都用专业的工具——段落间距来控制段间距离,如图2-4所示。

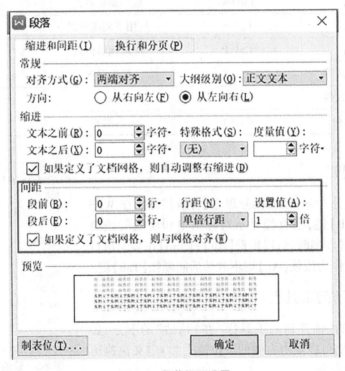

图2-4　段落间距设置

段落间距细分为段前间距和段后间距,具体的值根据阅读需求来设置,右键单击文档选择【段落】选项,在弹出的"段落"对话框中对段前、段后、行距等段落间距进行设置,其中默认勾选了"如果定义了文档网格,则与网格对齐",这样文字就会自动和网格对齐,但会影响排版,所以我们在编写正式文档时最好去掉勾选。

2.3.3　分页与回车

编辑文档时,大部分人选择多次敲击回车键来进入下一页,这样虽然能实现另起一页的操作,但随着前文增、删文本,空行的位置不断后移,会在下一页页首出现大段空行的情况。为了避免出现这样的情况,我们可以插入"分页符",如图 2-5 所示。

在需要换页处输入快捷键——【Ctrl】+【Enter】(回车键)。

使用菜单栏的按钮,即【插入】→【分页】→【分页符】。

图 2-5　插入分页符

2.4　见招拆招:标尺与制表位

2.4.1　标尺怎么用

在文档的上方及左侧,有两把标有数字、类似尺子一样的东西,叫作标尺。如果进入WPS 文字没显示标尺,可以在【视图】选项卡下的"标尺"复选框中打钩,即可显示标尺,如图 2-6 所示。

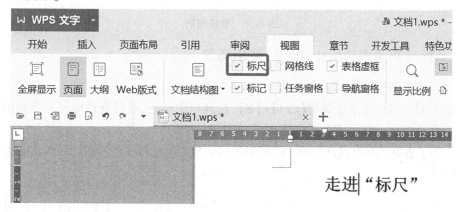

图 2-6　显示标尺

我们可以通过标尺查看和设置制表位、移动表格边框和对齐文档中的对象。主要了解"水平标尺",水平标尺上除了有数字刻度,还有 4 个滑块,控制着文档内文字的位置,分别为左缩进、右缩进、首行缩进和悬挂缩进。在没有拖动标尺上几个滑块的情况下,缩进值默认为 0 字符。

左缩进(下方矩形块部分):将某个段落整体向右进行缩进,如图 2-7 所示。

右缩进:将某个段落整体向左进行缩进,如图 2-8 所示。

首行缩进:将某个段落的第一行向右进行段落缩进,其余不进行段落缩进,如图 2-9 所示。

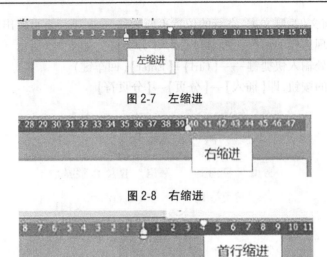

图 2-7　左缩进

图 2-8　右缩进

图 2-9　首行缩进

悬挂缩进(三角部分)：段落除首行外的文本缩进一定的距离，如图 2-10 所示。

图 2-10　悬挂缩进

2.4.2　标尺在文档排版中的实际使用场景

2.4.2.1　落款既想"居中对齐"又想"右对齐"

选中两行落款，按下快捷键【Ctrl】+【E】，使其居中对齐，然后拖动标尺左下角的矩形滑块，将其整体拖动到右侧合适位置即可，如图 2-11 所示。

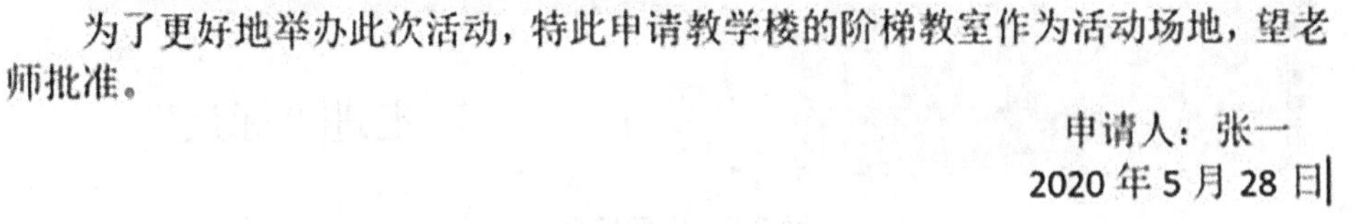

为了更好地举办此次活动，特此申请教学楼的阶梯教室作为活动场地，望老师批准。

申请人：张一

2020 年 5 月 28 日

图 2-11　同时设置居中和右对齐

2.4.2.2　表格数据始终无法居中

通常从其他地方复制过来的表格会出现表格框内的数字始终无法居中的情况，将鼠标光标放进单元格再观察标尺就可以发现，文字也发生了缩进，这时拖动标尺就能恢复正常。

2.4.2.3　制表位的用法

制表位(Tab stop)是指在水平标尺上的位置，指定文字缩进的距离。制表位就是【Tab】键停止的位置，即按【Tab】键形成一段间隔，制表位则为这段间隔设定距离的属性。

使用方法：点击如图 2-12 所示"制表位"图标按钮就可以开始操作使用，在弹出的

"制表位"对话框中进行制表位位置的设置、默认制表位的设置、制表位对齐方式的设置和前导符的设置,如图 2-13 所示。

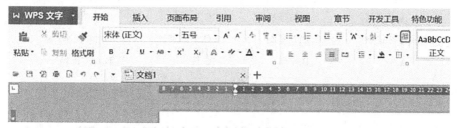

图 2-12　制表位图标位置

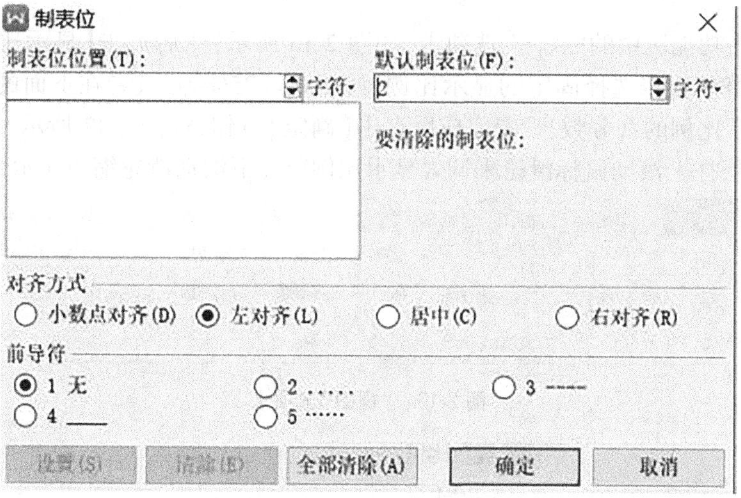

图 2-13　设置制表位

2.4.2.4　选择题的正确排版

选中想要编辑的文字,点击 WPS 菜单栏上的【插入】,然后依次点击工具栏上的【表格】中"文本转换成表格",这时就会弹出"将文字转换成表格"窗口,将列数设置为 4 列,分隔位置选择"制表符",最后点击【确定】按钮,如图 2-14 所示。接下来点击 WPS【开始】菜单工具栏上的"边框/无框线",返回到 WPS 编辑区域,可以看到当前所有的选择题选择项全部对齐,如图 2-15 所示。

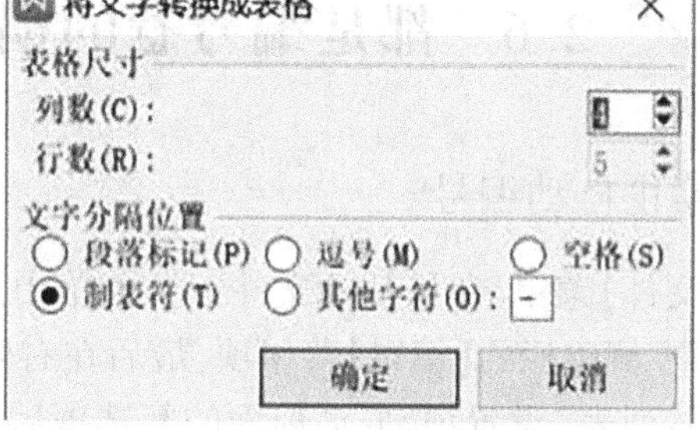

图 2-14　将文字转换成表格

A.1946 年	B.1956 年	C.1966 年	D.1976 年
A.CPU	B.内存	C.硬盘	D.外存
A.显示器	B.打印机	C.扫描仪	D.绘图仪
A.二进制	B.八进制	C.十进制	D.十六进制
A.字	B.字节	C.位	D.ASCII 码

图 2-15 对齐后的选项

2.5 形随意转：调节显示比例

首先点击功能区中的"视图"选项卡，如图 2-16 所示，然后点击【显示比例】按钮，最后在"显示比例"窗口选择固定的显示比例，如 200%、75% 等，或者在下面的百分比设置框中设置显示比例的百分数，设置完成后点击【确定】按钮，如图 2-17 所示。当然也可以按住【Ctrl】键，往上滚动鼠标滑轮来调大显示比例或往下滚动滑轮缩小显示比例。

图 2-16 "视图"选项卡

图 2-17 设置显示比例

2.6 都是编号惹的祸

2.6.1 让 WPS 文字停止自动编号

首先点击左上角的【文件】菜单，在打开的文件下拉菜单中点击【选项】菜单项，然后在弹出的选项窗口中点击左侧边栏的【编辑】菜单项，最后在右侧自动编号设置组中找到"键入时自动应用自动编号列表"设置项，取消前面的复选框后再找到右侧的"自动带圈编号"的设置项，同样取消前面的复选框即可，如图 2-18 所示。

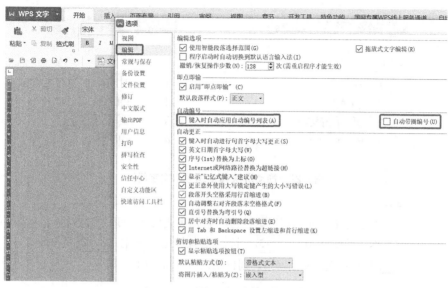

图 2-18　取消自动编号

2.6.2　手动停止 WPS 文字编号

在使用几次自动编号后,如图 2-19 所示,如果在后续的段落中不再需要编号,只需要连续敲打两次回车(【Enter】)键即可完全取消 WPS 的自动编号,如图 2-20 所示。

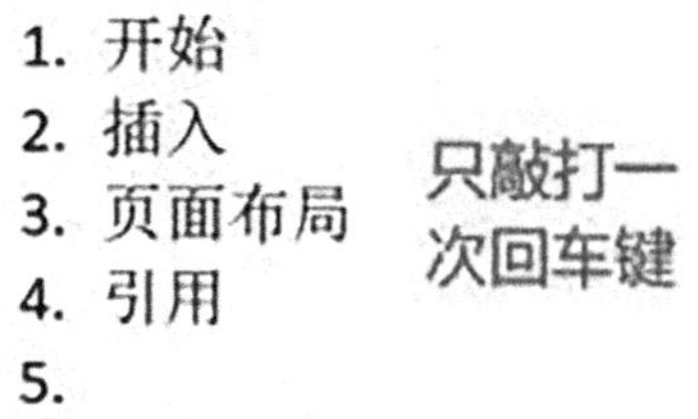

1. 开始
2. 插入
3. 页面布局
4. 引用
5.

只敲打一次回车键

图 2-19　自动编号

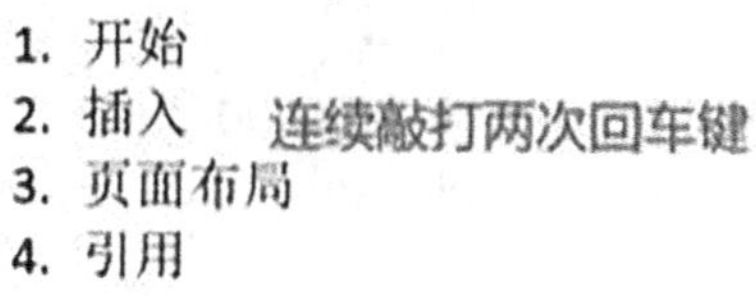

1. 开始
2. 插入
3. 页面布局
4. 引用

连续敲打两次回车键

图 2-20　取消自动编号

2.6.3　调整编号与文字间距

先按住鼠标左键,选择编号后的各行文字,然后将鼠标指向标尺上的滑块,当显示"悬挂缩进"后,按住鼠标左键,向右拖动滑块,如图 2-21 所示。

此时选中的文字就会远离自动编号,当把滑块拖动到合适位置后,选中的文字和自动编号的距离合适时松开鼠标左键即可。

另外,也可以在显示"悬挂缩进"后,双击鼠标左键,在打开的对话框中"悬挂缩进"位置输入一个比原来小的数值,再点击【确定】按钮即可,如图 2-22 所示。

2.6.4　自动编号替代法

编辑文档时,把手动编号替换为自动编号会带来很多方便。具体操作为:

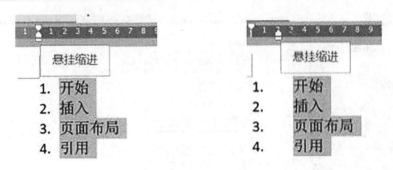

图 2-21　拖动滑块调整编号与文字间距

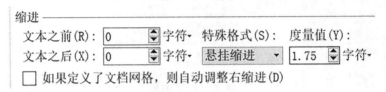

图 2-22　输入数值调整文字间距

(1)该编号形式为手动形式,现在要把它改为自动形式。光标选择全部,然后点击【开始】中"编号"的下拉按钮,如图 2-23 所示。

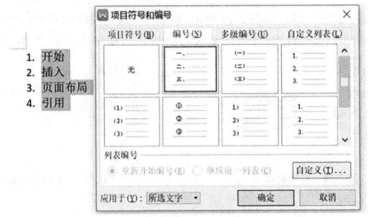

图 2-23　项目符号和编号

(2)点击【自定义编号】→"项目符号和编号"对话框→【编号】,选择一个编号样式,例如"一、二、三…",点击【自定义】输入要设置的"编号格式",选择一种"对齐方式",点击【确定】,如图 2-24 所示。

2.7　了不起的 WPS 样式

你是否有过这样的困扰:一篇文档很长,需要点缀的地方也很多,重点的文字需要加粗或倾斜,数字需要加颜色,涉及操作步骤的还要添加编号等,甚至这些样式还要叠加起来。如果你需要给多处文字添加同样的样式,一遍一遍的设置是不是很烦琐? 当你学会了"样式"功能后,再复杂的样式,都能一键搞定!

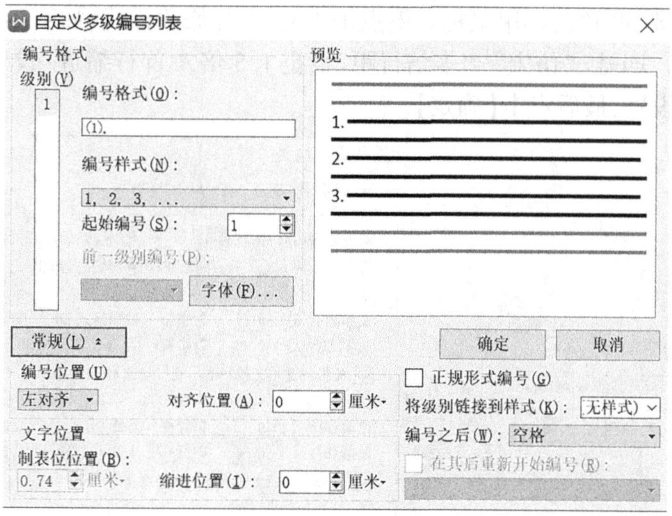

图 2-24　自定义编号

　　样式是字符格式和段落格式的集合,在编排重复格式时反复套用样式可以减少重复化的操作。

2.7.1　设置样式

　　打开文档后系统自动生成的样式称为内置样式,我们可以根据需要修改、新建或者删除样式,操作步骤如下:

　　(1)设置正文的样式。选中内容,用鼠标右键点击正文,选中修改样式,如图 2-25 所示,在出现的编辑框里,点击左下角的【格式】按钮,选择"段落"后将"缩进""特殊格式"设置为"无",如图 2-25 所示,这是避免清除格式不彻底,影响后面文档编辑。

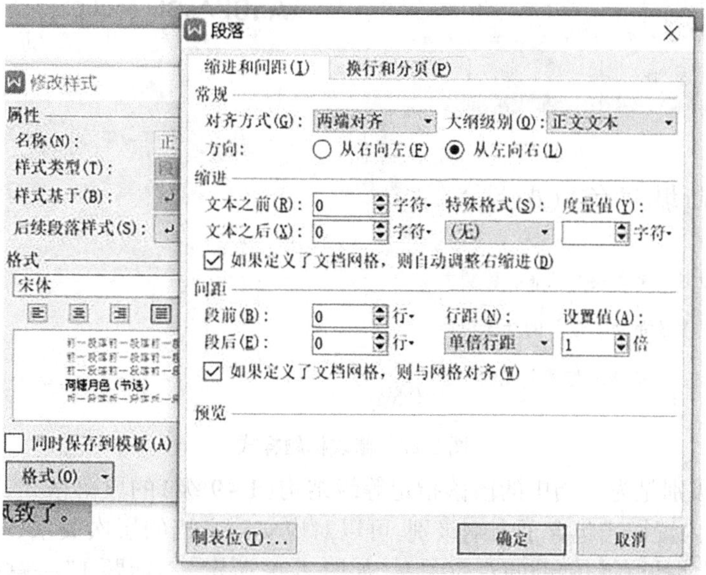

图 2-25　取消缩进特殊格式

（2）选择需要的内容，再用鼠标右键点击正文，选择修改样式，如图 2-26 所示，譬如论文正文的格式为"四号""仿宋"，"多倍行距"设定 1.5 倍，"首行缩进"设定 2 字符。格式在字体、段落中设置，最后点击【确定】。

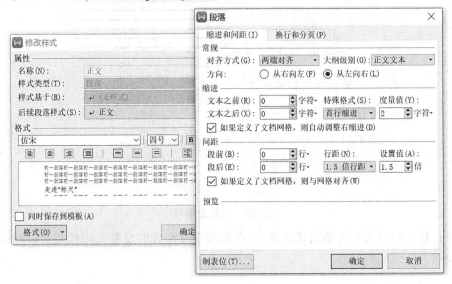

图 2-26　修改正文样式

（3）设置标题的样式。"标题 1"就是正文当中的小论点，如果小论点下面还有论点一般称为"标题 2"，大概的步骤和正文样式基本相同。只是一般标题相对于正文要突出显示，所以单独设置。先用鼠标右键点击"标题 1"选择修改样式，进行设置，如图 2-27 所示。譬如，"宋体""二号""加粗""首行缩进 2 字符"。然后选择所需要的内容，直接点击"标题 1"就可以了。

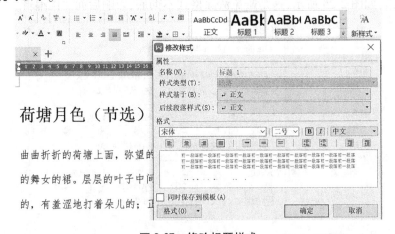

图 2-27　修改标题样式

（4）大纲级别是为文档中的段落指定等级结构（1~9 级）的段落格式，用于描述文档的层次关系。内置样式包含了大纲级别，可以对应实际文档的层次关系。下面以论文标题为例，了解大纲级别和标题的对应关系，如图 2-28 所示。"标题 1"→章标题→大纲级别 1 级，"标题 2"→节标题→大纲级别 2 级，"标题 3"→小节标题→大纲级别 3 级。

2.7.2　新建样式

首先点击【开始】选项卡,然后点开【新样式】右侧的一个小按钮,选择所需要的内容,最后在点击【新样式】按钮后出现"新建样式"的对话框对其进行设置,如图 2-29 所示。

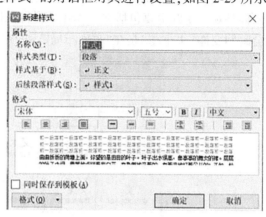

图 2-28　大纲级别　　　　　　　　　　图 2-29　新建样式

2.7.3　删除样式

首先点击【开始】按钮,然后点开【新样式】右下角的一个小按钮,选择所需要的内容,最后点击【清除格式】按钮,如图 2-30 所示。

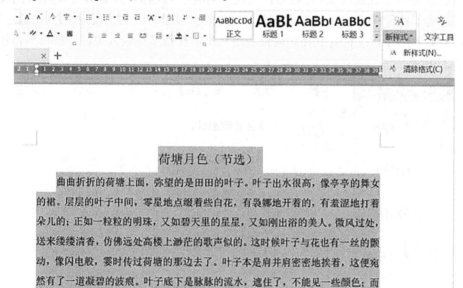

图 2-30　删除样式

样式是 WPS 中非常好用的功能,它不仅可以批量更改格式,还是自动创建目录和编号的基础,方便使用者快速结构化文档,轻松提高文档颜值。

2.7.4 样式与主题

"主题"是为文档添加一个设计师质量的外观,通过使用主题,用户可以快速改变文档的整体外观。主题主要包括字体、字体颜色和图形对象的效果。选中某个主题,文档效果就会瞬间变样。"主题"是在"页面布局"下的左侧进行设置,如图 2-31 所示。

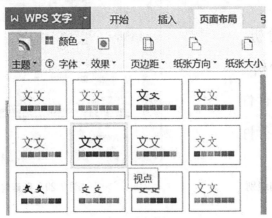

图 2-31　主题设置

2.7.5 样式与模板

"模板"是一个现成的文档,能够帮助设计有趣、令人称赞并具有专业外观的文档。该文档包含了各种样式、现成可用的图片和文本等。以公司行文模板为例,点击蓝色矩形框【WPS 文字】→【新建】→【从在线模板新建】,然后在搜索框输入关键字即可获得模板,如图 2-32 所示。

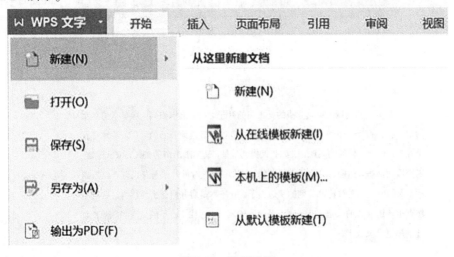

图 2-32　模板设置

✎ 2.8　题　注

添加题注是用来给图片、表格、公式等项目添加名称和编号的。使用题注功能可以保证长文档中图片、表格或公式等项目能够顺序地自动编号。

2.8.1　制作题注

以图来举例：先用鼠标选定图片，然后单击【引用】→【题注】命令，单击该命令后会弹出"题注"对话框 。在打开的 "题注"对话框里"标签"选项下选择"图"，位置选项可以选择在上方，或者所选项目下方，一般使用默认的位置就可以，在"题注"下方的文本框中会自动变成图 1，如图 2-33 所示，然后可以在图 1 后输入图片标题文字，确定后在图片下方就会出现刚创建的题注"图 1"所示字样，如图 2-34 所示。

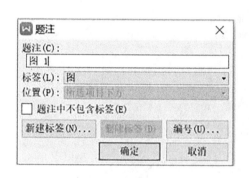

图 2-33　题注插入

图 2-34　显示效果

依次类推分别选定第二张图片、第三图片重复执行【引用】→【题注】命令即可完成题注的创建，第二张以后的图片不需要再选择标签，而题注的数字是自动变化的。

如果想在正文需要的位置引用题注，可以单击【引用】→【交叉引用】命令，在弹出的对话框里的引用类型选择"图"，然后下方会列出所创建图题注列表，选择合适的单击【插入】按钮即可。

生成图（题注）目录，单击【引用】→【插入目录】，在出现的对话框里面，直接选择题注图，或者表等题注元素确定就可以。显示页码，页码右对齐，前导符都是默认选择，勾选即可。这样就快速生成了题注对应的目录。

2.8.2　把章节号添加到题注

在撰写论文时，常常需要在图表编号中把章节号也体现出来。譬如第 1 章的第一幅插图就是图 1-1，第 3 章的第 3 幅插图就是图 3-3，这样的编号格式需要在"编号"内设置，进入"题注"→"编号"→"题注编号"→勾选"包含章节编号"，如图 2-35 所示。

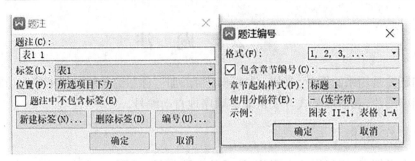

图 2-35　添加章节号到题注

2.8.3　题注样式固定

当插入一次题注后,样式组内就会出现内置的"题注"样式,可以针对文档要求进行修改,可进入【开始】菜单,单击样式库右侧箭头,找到"题注"样式,右键单击该样式,点击【修改样式】,如图 2-36 所示。

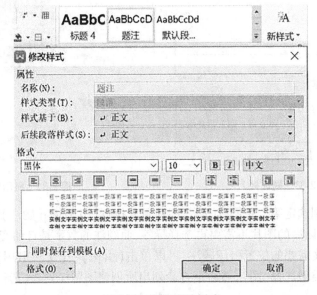

图 2-36　固定题注样式

2.8.4　题注编号交叉引用

文中往往需要引用图表编号,交叉引用就是实现这一操作的。常见的引用对象包括标题、脚注、书签、题注、编号段落等。题注和交叉引用常常搭配使用。把光标移至需要插入引用内容的位置,单击【引用】→【交叉引用】,弹出"交叉引用"对话框,在"引用类型"中,从内置题注标签和其他自定义标签中选择所需内容,"引用哪一个题注"会列出文中所有该类型的题注的内容,单击选择所需项目即可。而在"引用内容"中,有具有标签和编号、完整题注、只有标签和编号、只有题注文字、页码、见上方/见下方共 6 个选项,如图 2-37 所示。

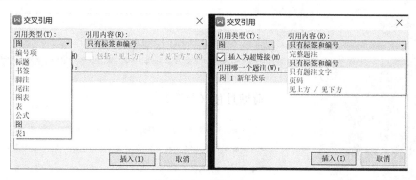

图 2-37　交叉引用

✎ 2.9　千呼万唤始出来:WPS 文字输出

2.9.1　打印预览

　　打印预览可以用在打印之前,发现错误可进行调整,避免浪费纸张。【打印预览】按钮的位置,如图 2-38 所示。点击按钮后就会打开打印预览界面,显示文档第一页的打印效果,如图 2-39 所示。

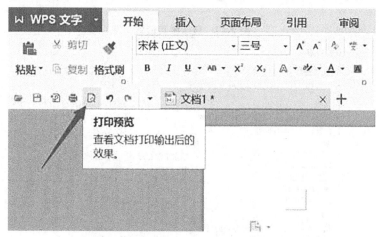

图 2-38　打印预览位置

　　如果需要显示更多页的打印预览,可点击图示的【多页】按钮,然后能在"显示比例"的下拉框中选择数值小的比例来显示更多的页面,如图 2-40 所示。

　　在这个页面中不仅能显示多页预览,还能调整比例、选择打印方式和打印份数等,大大提高了打印效率并且节约了纸张,最后按【Esc】键或者点击【关闭】按钮退出打印预览。

2.9.2　打印设置

　　打开需要打印的文档,使用快捷键"Ctrl+P"即可快速调出打印对话框。可以看到打印界面有打印机、页码范围、副本、打印、并打顺序、并打和缩放几个部分,如图 2-41 所示。

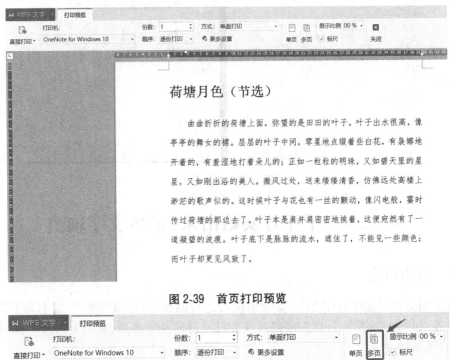

图 2-39　首页打印预览

图 2-40　显示多页设置

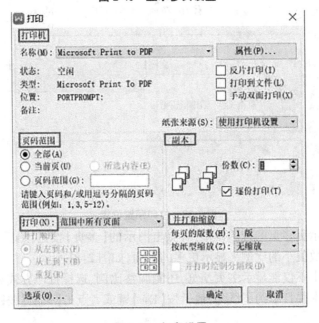

图 2-41　打印设置

2.9.3　常见打印问题处置

首先点击【WPS 文字】菜单栏,然后单击【选项】按钮,打开选项之后左边的栏目有个

"打印",单击出现打印选项、打印文档的附加信息、只用于当前文档和双面打印这几个选项,其中勾选"更新域"就会在打印前更新域,不勾选"打印背景色和图像"则不会打印背景和图像,在"隐藏文字"下拉框选择不打印隐藏文字,如图 2-42 所示。

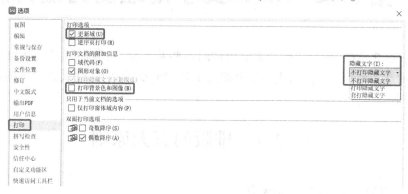

图 2-42　常见打印问题

2.9.4　PDF 格式输出

在 WPS 中将文档以 PDF 方式输出的步骤为:点击【特色功能】选项卡中【输出为 PDF】按钮→"输出 PDF 文件"对话框,对话框中包含了 PDF 文件的常规设置和权限设置,如图 2-43 所示。

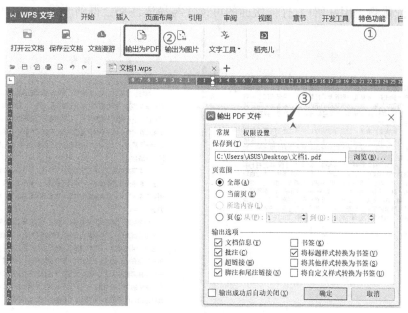

图 2-43　PDF 格式输出

第3章 WPS文字处理能力提升篇

通过前面2章的学习，掌握了文字处理的一些基本操作，我们可以熟练地使用WPS进行文稿的基本处理。本章将进一步介绍文字处理的高阶技巧，让文稿给人的视觉感更美观与协调。

3.1 排版的五大原则

3.1.1 无声胜有声：留白的魔力

所谓留白，留下来的区域不一定是白色的：文档布局中，环绕各元素的空间都算是留白。你觉得下面哪个页面好看？

图3-1左边和右边相比，右边看起来显然更舒服。和左边相比，右边大量增加了文字四周的空间。标题、作者、副标题、正文……彼此之间可以留下充足的余地。好比挤满人的车厢，与人人有座位的车厢之间的区别：如果同一个页面中的文字过于拥挤，就会妨碍舒适的阅读体验。用好留白，任何版面的可读性与易读性都会得到改善。

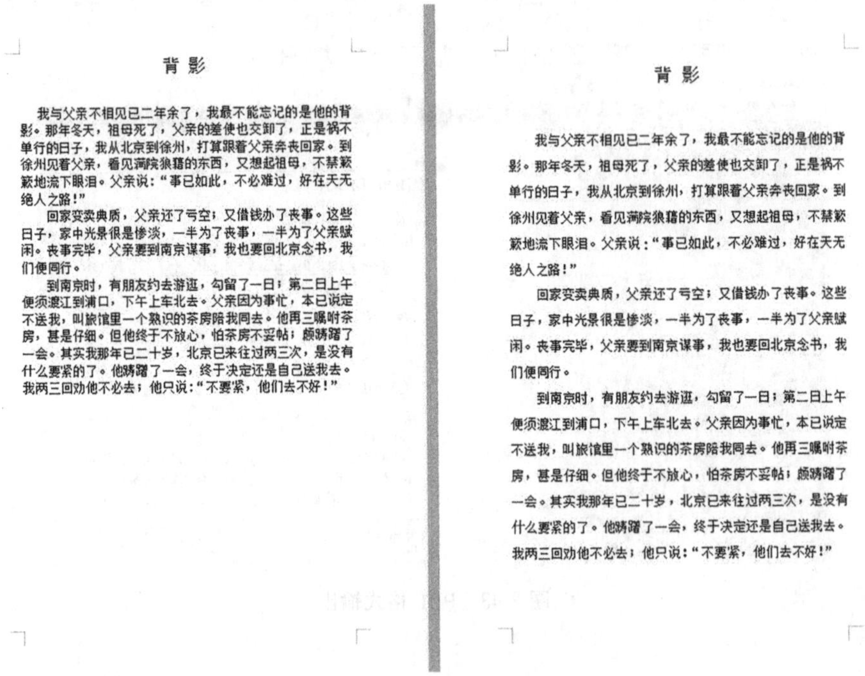

图3-1 留白对比图

3.1.1.1　段落留白

段落之间的留白对篇幅比较长的文档非常重要:除提升阅读舒适度外,还增强了对内容的区分,让读者更容易专注内容,完成长篇阅读。

段落之间的留白依靠设置段间距和行间距实现。段落前后的空余距离为段间距,行与行之间的距离就是行间距。

段与段之间的间距,不是靠敲回车键实现的! 设置方法如下:

【开始】→【段落】→右下角箭头→"段落"对话框→【缩进与间距】标签页→【间距】→段前/段后/行距设置,如图 3-2、图 3-3 所示。

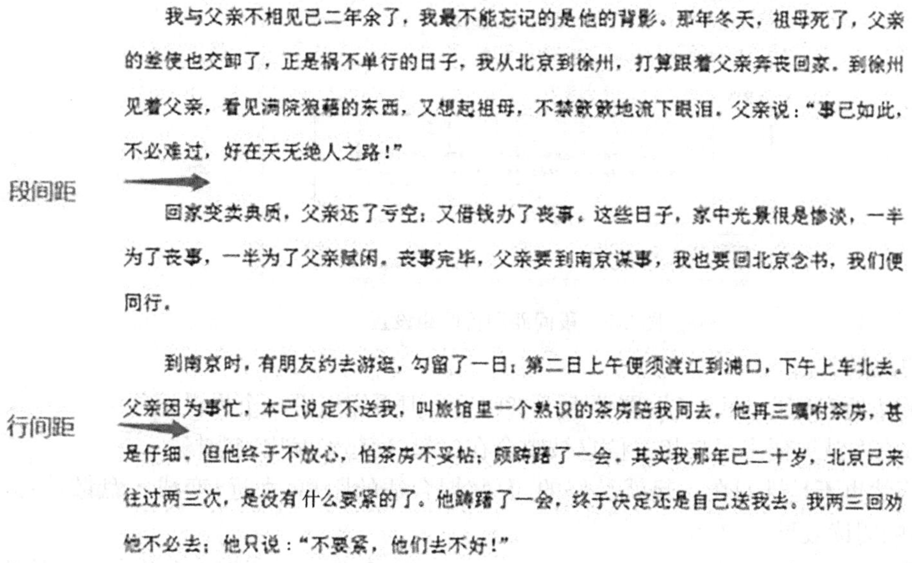

我与父亲不相见已二年余了,我最不能忘记的是他的背影。那年冬天,祖母死了,父亲的差使也交卸了,正是祸不单行的日子,我从北京到徐州,打算跟着父亲奔丧回家。到徐州见着父亲,看见满院狼藉的东西,又想起祖母,不禁簌簌地流下眼泪。父亲说:"事已如此,不必难过,好在天无绝人之路!"

段间距 ➡

回家变卖典质,父亲还了亏空;又借钱办了丧事。这些日子,家中光景很是惨淡,一半为了丧事,一半为了父亲赋闲。丧事完毕,父亲要到南京谋事,我也要回北京念书,我们便同行。

到南京时,有朋友约去游逛,勾留了一日;第二日上午便须渡江到浦口,下午上车北去。

行间距 ➡

父亲因为事忙,本已说定不送我,叫旅馆里一个熟识的茶房陪我同去。他再三嘱咐茶房,甚是仔细。但他终于不放心,怕茶房不妥帖;颇踌躇了一会。其实我那年已二十岁,北京已来往过两三次,是没有什么要紧的了。他踌躇了一会,终于决定还是自己送我去。我两三回劝他不必去;他只说:"不要紧,他们去不好!"

图 3-2　段间距和行间距示例

这里的距离值有 2 个单位:"行"与"磅"。

段间距是以行间距为基础的。在设置行间距时,你可以选择默认行距或者自己设置,如果自己设置,可以直接在"设置值"中填写数值,这个数值的单位就是磅值。磅是打印字符的高度。1 磅等于 1/72 英寸,或大约等于 1 厘米的 1/28。

3.1.1.2　页边距留白

除了段间距与行间距外,页边距也是体现空间的主战场,如图 3-4 所示。

上、下、左、右——页边距可以 4 个值都不同!

让文档显得"高级"的办法之一,就是加大页边距。

页边距设置方法如下:【布局】→【页面设置】→【页边距】→选择内置方案"自定义页边距"→"页边距设置",如图 3-5 所示。

3.1.2　百川东入海:聚拢的意义

文档的主要元素是文字,在同一个页面中文字和文字之间必然有关系。既然有关系,就能分出亲疏远近,相对而言,关系近的当然要放得近一点,否则就分得开一点。譬如

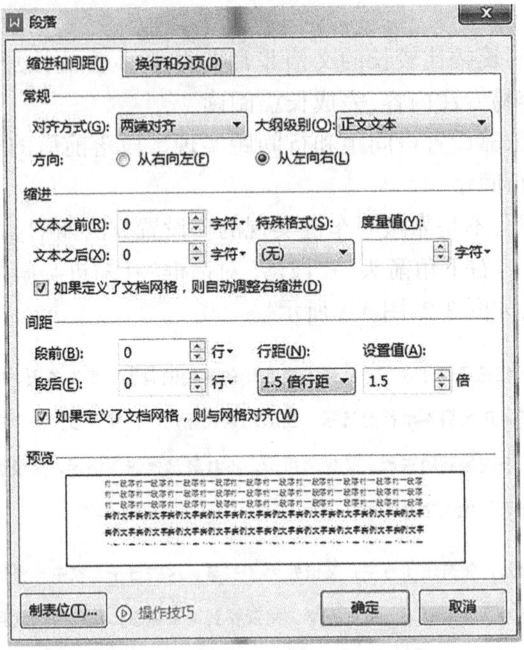

图 3-3　段间距和行间距设置

图 3-6 中的两张图。

为了收集所有信息,图 3-6 左图要上下来回看!但看完似乎一个也没记住……

图 3-6 右图就方便多了!相关信息被组合在一起,读起来就比较顺畅。

文字当然也不是排列在一起就是好的,要掌握合适的距离:太远,变成一盘散沙;太近,更是影响阅读效果。

上一节我们提到了留白:要把空白留出来。这一节,我们学习要把空白放在合适的地方。怎样才叫合适呢?

文档排版,不能只追求形式美感,还需要适合阅读。关系密切的文字之间相互靠拢,不仅利于阅读,而且会形成段落群,产生有韵律的、有节奏的美感。回头看图 3-6,你不能说图 3-6 没有留白,但是因为每行之间的距离都是一样的,于是留白的作用就被抵消了。

总结一下。首先,把关系紧密的文字放在一起。如果找不到关系密切,或是文字之间压根就没有关系,那么你可以用理书柜的方法:把字数类似、"外形一致"的短句放在一起,形成段落群。其次,段落群之间的距离要比段落群内部行距大。这会形成韵律般的节奏,让人读起来更顺利,如图 3-7 所示。

3.1.3　文正见整齐:对齐的气势

如果硬要说排版有一个万能的原则的话,那就是,对齐!那么对齐的原则又是什么呢?对齐的原则之一就是,不管左、中、右,主画面中只选择一种。

接下来就让我们一起学习以下的对齐方法,包括文字、图片、图文综合及文本框的操作。

上边距

背　影

　　我与父亲不相见已二年余了，我最不能忘记的是他的背影。那年冬天，祖母死了，父亲的差使也交卸了，正是祸不单行的日子，我从北京到徐州，打算跟着父亲奔丧回家。到徐州见着父亲，看见满院狼藉的东西，又想起祖母，不禁簌簌地流下眼泪。父亲说："事已如此，不必难过，好在天无绝人之路！"|

　　回家变卖典质，父亲还了亏空；又借钱办了丧事。这些日子，家中光景很是惨淡，一半为了丧事，一半为了父亲赋闲。丧事完毕，父亲要到南京谋事，我也要回北京念书，我们便同行。

　　到南京时，有朋友约去游逛，勾留了一日；第二日上午便须渡江到浦口，下午上车北去。父亲因为事忙，本已说定不送我，叫旅馆里一个熟识的茶房陪我同去。他再三嘱咐茶房，什是仔细。但他终于不放心，怕茶房不妥帖；颇踌躇了一会。其实我那年已二十岁，北京已来往过两三次，是没有什么要紧的了。他踌躇了一会，终于决定还是自己送我去。我两三回劝他不必去；他只说："不要紧，他们去不好！"

左边距　　　　　　　　　　　　　　　　右边距

下边距

图 3-4　页边距示例

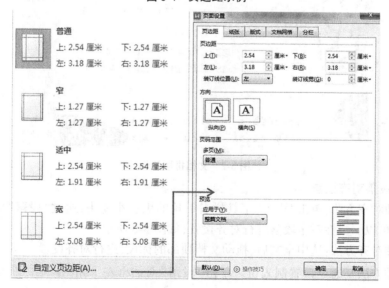

图 3-5　页边距设置

中 文 名：朱自清
别　　名：字佩弦，号实秋
国　　籍：中国
民　　族：汉族
出 生 地：江苏东海县
出生日期：1898 年 11 月 22 日
毕业院校：北京大学
职　　业：散文家、诗人、学者
代表作品：《背影》《荷塘月色》
籍　　贯：浙江绍兴

中 文 名：朱自清	出生日期：1898 年 11 月 22 日
别　　名：字佩弦，号实秋	毕业院校：北京大学
国　　籍：中国	职　　业：散文家、诗人、学者
民　　族：汉族	代表作品：《背影》《荷塘月色》
出 生 地：江苏东海县	籍　　贯：浙江绍兴

图 3-6　横竖排版案例对比图

图 3-7　文档排版示例

3.1.3.1　段落对齐设置

第一种对齐方法：单击"段落"工具栏右下角的黑色小箭头，通过"段落"对话框中的缩进选项，可以一次性对全段落进行对齐设置，如图 3-8 所示。

第二种对齐方法：选中全文后，拖动文档顶部的标尺，进行对齐设置。

第三种方法是通过设置制表位。单击"段落"对话框左下角 制表位(T)... ，进入"制表位"对话框→直接输入距离值。这样可以精确地把文字确定在文档中的某个位置。

3.1.3.2　同时选中图片设置对齐

图片对齐无法同时选中？一种原因是图片都是嵌入式的，也就是说每张图片相当于

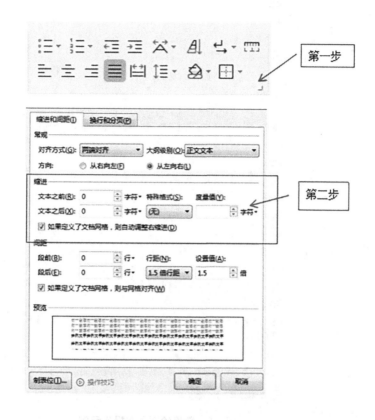

图 3-8　对齐操作

一个字符。另一种原因是两张图片的布局形式不同。

　　想要同时选中图片,除改变图片的嵌入形式、让两张图片统一为除嵌入式外的布局形式,还可以通过插入画布的方法。插入画布之后,在画布上添加图片,甚至是图片和形状,都可以简单地同时选中。

　　单击【插入】→插图工具栏→【形状】→【新建绘图画布】→自动插入底色为无的画布,如图 3-9 所示。

　　需要注意的是:画布也会受到行距的影响,或是被文本/对象底色遮挡,使插入的图片或形状无法进行布局形式设置。可以方便地在画布范围内对图片或形状进行选择或对齐设置。

　　如果所有图片都是嵌入式的情况下,可以一次性选中分散在文章中的图片并实现居中。操作步骤为:

　　按快捷键【Ctrl】+【H】出现"查找和替换"对话框,切换到【查找】→在"查找内容"中输入"^g",单击"在以下范围中查找",选择"主文档",所有文档内的嵌入式格式的图片被选中。操作见图 3-10。

　　单击【开始】,依次选择"段落""居中按钮"。

　　至此,所有嵌入式图片被居中。

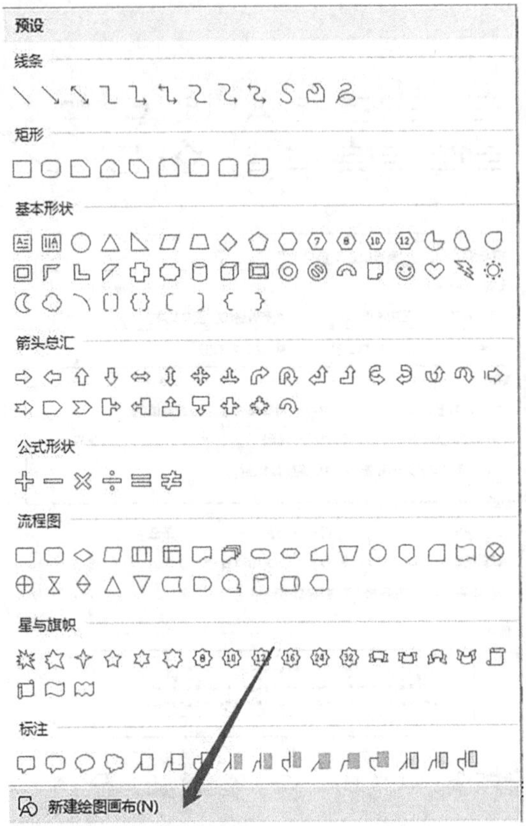

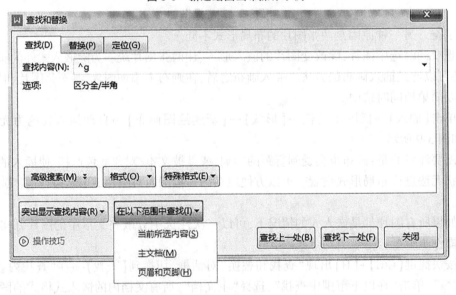

图 3-9　新建绘图画布操作示例

图 3-10　操作示例

3.1.3.3　图片与文字对齐

当页面中都是文字时,至少应该采用左、中、右对齐原则其中之一。那么如果是图形加文字呢？

　　首先我们要明确：图 3-11（a）是非常不规范的！把图片随意放置在页面当中，简直是撒豆子一样。对此做改进：将图片稍作加工，把位于第二排的图片设定为一样高。然后每两张图片之间，起码保持一条边对齐。经过这样处理后，文档版面显得好看多了。但页面中元素特别多，还是要注意：千万别出现两种以上的对齐方式！并且需要仔细检查，不要一个元素突出了对齐的边界。对比图 3-11（a）、（b）与（c），只有图 3-11（c）做到了图文全对齐。

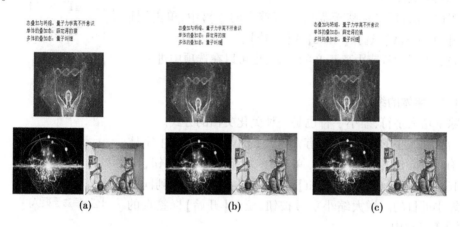

図 3-11　图文对齐对比示例

3.1.3.4　文本框如何迅速对齐

　　把文字或图片填入文本框后，需要对文本框内外文字/图片内容进行对齐设置。在文本框内部，如果是文字，选中文本框的文字，出现【绘图工具】标签页，选择"对齐"，根据需要进行选择，操作见图 3-12。

3.1.3.5　最好用的对齐诀窍

　　由于中英文字符大小或字体的差异，有时就很难把字与字、字与图对齐，这时可以利用表格。简单地说，就是插入表格，填入文字或图片，最后将表线设为不可见。和单纯文字或图片对齐相比，只左对齐，表格就提供了左上对齐、靠左居中对齐、左下对齐 3 种选项。居中和靠右同理，可以根据需要进行选择，对齐完成后，别忘记将表格框线设置为不可见。

3.1.4　鸟鸣山更幽：对比的力量

　　简单地说，文字中的对比就是在文档里划重点，让被强调的字、词，甚至是句子、段落突显出来，变得醒目。要达到这个目的，通常不外乎两种途径：大小对比、颜色对比。此外，运用装饰线、通过字母与方块字或运用反差大的字体，也能达到对比的效果。

3.1.4.1　大小

　　正副标题的字号设置。通常一篇文章，总是标题的字号最大：因为醒目。所以，加大字号，可谓是最简单的对比方法。如果有正副标题呢？

　　图 3-13 的上半部分的标题字体两行同样大小，下半部分的标题则明显加大了正标题

的字号。哪一款更突出正标题？显而易见是下半部分。当然，不只是用在标题中，正文如果有任何需要突出的内容，加大字号也是很不错的方法。

3.1.4.2　首字下沉

首字下沉让整个段落都显得突出。因此，常被用于文档开篇或章节开始的第一段。首字下沉有两种模式，包括下沉和悬挂，见图3-14、图3-15。

实现方法：把光标移至需要下沉首字的段落中，单击【插入】→【首字下沉】，选择【下沉】或【悬挂】。

关于下沉行数或距离正文的距离，也可以在选项中进一步设置。

3.1.4.3　字体的缩小

除了增大字符，缩小字符也是一种美化文档的方式。

增大和缩小的快捷操作，有个常用的小技巧：当文中字体有大有小时，选中整段文字，单击增大缩小字号按钮，见图3-16。或采用【Ctrl】键+【Shif】键+【>】/【<】，可以达到同时增大缩小的目的。增大缩小字号按钮，位于【开始】标签页的【字体】工具栏中。

3.1.4.4　字体的加粗

最常用的突出字体的方法是加粗，见图3-17。需要注意的是，加粗虽然是最简单的突出字符的办法，但也要看字体，有些字体，由于本身笔画较为粗黑，加粗与否并不明显；而有一些字

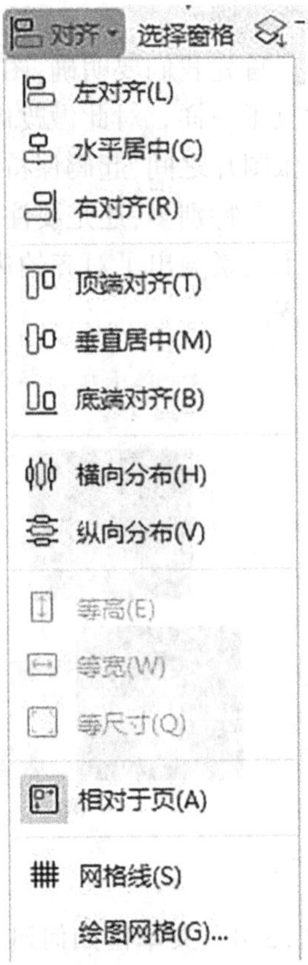

图 3-12　操作示例

西藏农村居民人均可支配收入增长 12%

致富途径多　生活甜又美

西藏农村居民人均可支配收入增长 **12%**

致富途径多　生活甜又美

图 3-13　示例

体，则可能由于加粗，字形变得难以辨认。

文字强调有很多种可能，如文档编辑软件给出的文字效果，譬如删除线、下划线、发光、阴影、轮廓和映像等，都使得对比效果有了很多种可能。所有这些效果都可以在【开始】标签页下的【字体】工具栏中找到，见图3-18。建议在挑选效果时，注意与文档整体风格的协调性，避免同一篇文档中有太多种变化。

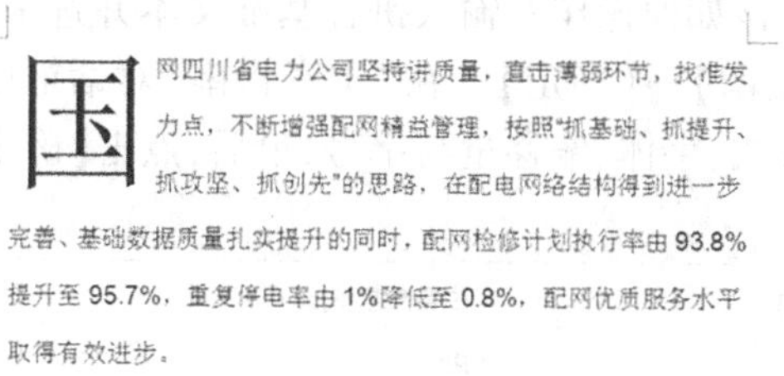

国 网四川省电力公司坚持讲质量，直击薄弱环节，找准发力点，不断增强配网精益管理，按照"抓基础、抓提升、抓攻坚、抓创先"的思路，在配电网络结构得到进一步完善、基础数据质量扎实提升的同时，配网检修计划执行率由 93.8% 提升至 95.7%，重复停电率由 1%降低至 0.8%，配网优质服务水平取得有效进步。

图 3-14　首字下沉

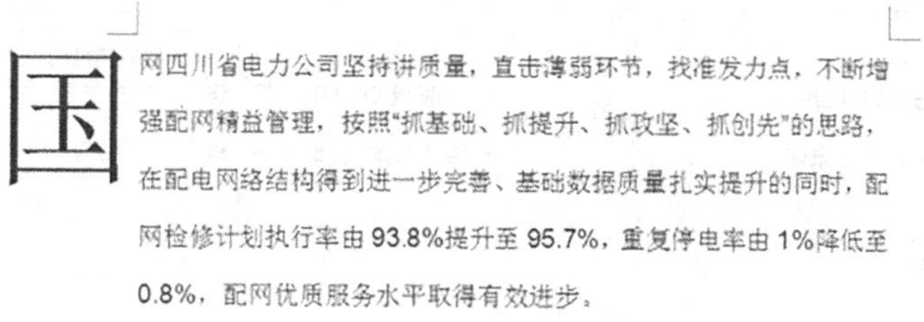

国 网四川省电力公司坚持讲质量，直击薄弱环节，找准发力点，不断增强配网精益管理，按照"抓基础、抓提升、抓攻坚、抓创先"的思路，在配电网络结构得到进一步完善、基础数据质量扎实提升的同时，配网检修计划执行率由 93.8%提升至 95.7%，重复停电率由 1%降低至 0.8%，配网优质服务水平取得有效进步。

图 3-15　首字悬挂

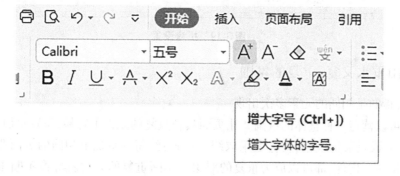

图 3-16　文字大小设置

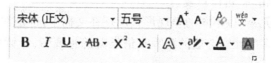

图 3-17　文字加粗

图 3-18　字体设置区

3.1.4.5　给文字添加拼音

越来越多的场合,会使用拼音与汉字结合表达另一种含义。此外,就视觉上而言,字母对方块字也起到了修饰作用。

字与拼音不对应,该如何操作?输入拼音基准文本并选中,点击【开始】标签页,依次选择【字体】→【拼音指南】→【确定】。在"拼音指南"对话框中,修改基准文字为最后显示的文字,调整对齐方式、字体、偏移量与字号,最后,点击【确定】。操作见图3-19。

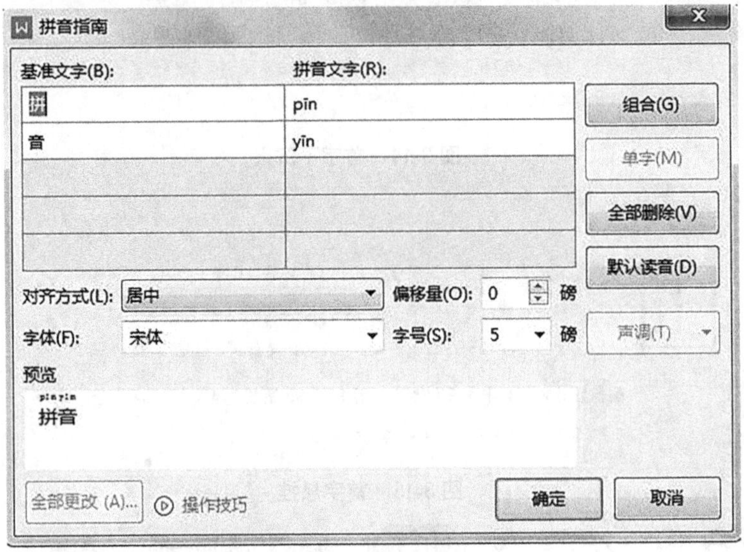

图 3-19 拼音设置

3.1.5 山重水又复:重复的氛围

重复,指的是相同的元素多次出现。

重复可以营造一种整体的氛围。让页面具备重复的元素很容易,设置页眉、页脚时插入公司 Logo 或是装饰线条;对标题采取统一样式;给每一页加上相同的页面背景,等等。版面中的每一个构件,都可以成为重复的对象。不断重复的元素就好像不断重复响起的主旋律,让读者清晰地把控阅读的节奏,并且敏锐地意识到与主旋律不同的、特殊的、作者希望读者加倍关注的部分。

重复是对比的基础。

这种元素的循环操作起来非常便利,最简单的如:标题一律用黑体加粗;段落标题和文档标题彼此互相呼应;重复的页眉,重复的段落间距、行间距;相同的标题与正文之间的距离;相同风格的插图与配图文字。

不过,并非只有"相同"可以重复。

风格一致的装饰元素,以不同的表现形式出现在文档中,也是常见的重复手段。

重复可以减轻太多的元素造成的在吸收信息时的视疲劳,让读者更好地理解文档内容。

快速掌握本章提及的排版原则有一条捷径:勇于尝试!

(1)避免把一页纸挤得密密麻麻水泄不通,在所有可能的地方留出空白:标题和段落之间、段落和段落之间、段落和图片之间。

(2)避免把文档内的元素排列得过于紧凑,留白也是有"秩序"的。彼此相关的内容互相靠拢,让该靠拢的靠拢,该留白的留白。

(3)避免没有意义的居中。但如果你不知道靠左还是靠右,那么和七零八落比起来,居中也是不错的选择。

(4)如果有图片,把图片放很大通常效果会不错。

3.2　图片排版的艺术

图片排版是解决怎样设法让图片落在文档中想要的位置。那到底用什么方式把图片粘贴到文档中呢? 可以使用【插入】→【图片】或者直接使用复制、粘贴命令将图片贴到文档中。

3.2.1　图片布局

任意插入一张图片,你会在图片右上角见到第一个图形,见图 3-20 示例。单击这个图形,弹出"布局选项"。"布局选项"与"页面布局"→"文字环绕"选项卡中的内容一致。

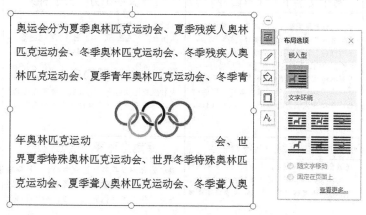

图 3-20　示例(一)

图片的布局共有七种:

第一种,嵌入型。在这种方式中,图片相当于一个字符,如图 3-21 所示。

图 3-21　嵌入型图片布局

嵌入型图片会受制于行间距或文档网络设置，文档把它当一个字。如果你发现插入图片后只显示了一条边，快去检查行间距设置。图片被太窄的行间距挡住了，调整行间距即可。

第二种，四周型环绕。第三种，紧密型环绕。第四种，衬于文字下方。第五种，浮于文字上方。第六种，上下型环绕。第七种，穿越型环绕，见图3-22。

四周型环绕（第二种）	紧密型环绕（第三种）
奥运会分为夏季奥林匹克运动会、夏季残疾人奥林匹克运动会、冬季奥林匹克运动会、冬季残疾人奥林匹克运动会、夏季青年奥林匹克运动会、冬季青年奥林匹克运动会、世界夏林匹克运动会、世界冬季特殊奥林匹克运动会、夏季聋人奥林匹克运动会、冬季聋人奥林匹克运动会十个项目组成。	奥运会分为夏季奥林匹克运动会、夏季残疾人奥林匹克运动会、冬季奥林匹克运动会、冬季残疾人奥林匹克运动会、夏季青年奥林匹克运动会、冬季青年奥林匹克运动会、世界夏林匹克运动会、世界冬季特殊奥林匹克运动会、夏季聋人奥林匹克运动会、冬季聋人奥林匹克运动会十个项目组成。
衬于文字下方（第四种）	**浮于文字上方（第五种）**
奥运会分为夏季奥林匹克运动会、夏季残疾人奥林匹克运动会、冬季奥林匹克运动会、冬季残疾人奥林匹克运动会、夏季青年奥林匹克运动会、冬季青年奥林匹克运动会、世界夏季特殊奥林匹克运动会、世界冬季特殊奥林匹克运动会、夏季聋人奥林匹克运动会、冬季聋人奥林匹克运动会十个项目组成。	奥运会分为夏季奥林匹克运动会、夏季残疾人奥林匹克运动会、冬季奥林匹克运动会、冬季残疾人奥林匹克运动会、夏季青年奥林匹克运动会、冬季青年奥林匹克运动会、世界夏季特殊奥林匹克运动会、世界冬季特殊奥林匹克运动会、夏季聋人奥林匹克运动会、冬季聋人奥林匹克运动会十个项目组成。
上下型环绕（第六种）	**穿越型环绕（第七种）**
奥运会分为夏季奥林匹克运动会、夏季残疾人奥林匹克运动会、冬季奥林匹克运动会、冬季残疾人奥林匹克运动会、夏季青年奥林匹克运动会、冬季青年奥林匹克运动会、世界夏季特殊奥林匹克运动会、世界冬季特殊奥林匹克运动会、夏季聋人奥林匹克运动会、冬季聋人奥林匹克运动会十个项目组成。	奥运会分为夏季奥林匹克运动会、夏季残疾人奥林匹克运动会、冬季奥林匹克运动会、冬季残疾人奥林匹克运动会、夏季青年奥林匹克运动会、冬季青年奥林匹克运动会、世界夏季特殊奥林匹克运动会、夏季聋人奥林匹克运动会、冬季聋人奥林匹克运动会十个项目组成。

图 3-22 六种不同环绕型

可见，四周型环绕、紧密型环绕和穿越型环绕看起来几乎差不多。仔细看一看：四周型环绕的图片布局中，文字与图片的距离更远，紧密型或穿越型环绕中文字距离图片更近；并且，使用四周型环绕的图片周围，文字总是留下一个矩形的区域。不规则图形、圆形或是三角形，无论图片是什么形状，文字总是会留下一个矩形的区域给它。紧密型环绕和穿越型环绕的区别：在强调区域中，紧密型环绕仍以直线为轮廓环绕对象；而在穿越型环绕中，文字会根据图片外形，出现在每个凹陷处。

因此：①如果图片是方形或圆形，那么这两种环绕方式看上去基本没有区别。②如果图片的轮廓严重下凹，那么就能看出一些区别了。

3.2.2　插入图片的正确方式

在文档处理中插入图片有 4 种方法。

(1)复制图片→粘贴。

(2)直接将图片拖入文档。

(3)单击【插入】→【图片】,选取图片存储位置,插入图片。

(4)复制图片,单击【开始】,选择【粘贴】按钮下小箭头→【选择性粘贴】,选择所需格式。

如果采取方法(1)或(2),会将图片和读图软件相关信息全部贴入文档。另外,文字编辑软件还会自动在图片和读图软件中创建链接,这样会使文档变庞大。

所以,如果你希望文档编辑起来快速流畅,推荐采用第 3 种方法和第 4 种方法。

当向文档插入图片时,图片会被压缩,如果希望图片无损地插入,在【文件】中点击【选项】,选择【常规与保存】,勾选"不压缩文件中的图像"即可。

3.2.3　图片的移动方式

在文档中移动图片时,图片有时很难被选中,如图片非常小,图片互相有重叠部分,或者图片被选择为衬于文字下方时等。

那么,单击【开始】→【选择】→【选择窗格】侧边栏出现→直接选择,操作如图 3-23 示例。页面中所有的元素都会出现在其中,根据图片名称和需求移动!

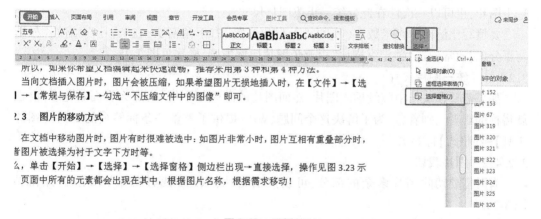

图 3-23　示例(二)

图片如何自由移动?归纳如下:

第一种,改变图片布局。把布局选项设置为除嵌入型外的形式,鼠标拖动时会较为灵活。

第二种,快捷键微调。如果需要微调图片位置,可以采取【Ctrl】键+方向键的形式,微调图片设置。

第三种,改变文档网格线间距。鼠标拖动图片移动时,每次移动的距离和文档的网格线间距一致。将网格线设置到最小时,拖移时就会感觉流畅了。

3.2.4　如何设置网格线？

点击【页面布局】→【排列】→【对齐】→【绘图网格】，把其中的水平间距和垂直间距都改为最小数值0.1，点击【确定】生效，操作见图3-24。

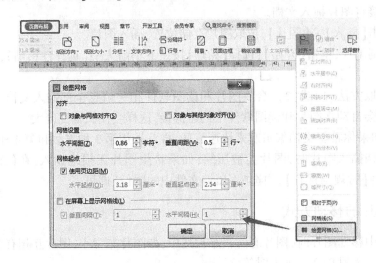

图3-24　示例（三）

再到文档中拖动图片，你会发现顺滑许多。

工具修饰主要靠【图片工具】栏，可以直接在高度、宽度中填入所需数据。如果同时选中图片，也可以一次性在此处统一更改图片尺寸。

要填写比例而非厘米数字？单击"大小和位置"右下角箭头，在"大小""缩放"栏填写百分比，通常勾选"锁定纵横比"以避免图片比例失调，操作见图3-25。

3.2.4.1　统一图片尺寸

如果需要在文档中陆续插入图片，然而图片的画风都不统一，那么页面难免凌乱，也就俗称的难看。别着急：为了解决这个问题，WPS提供了整整一条标签页的工具：【图片工具】→【格式】标签页。

3.2.4.2　图片裁切

有时需要切除图片多余的部分，可以点击图片，点击"裁剪图片"来完成，操作见图3-26。

图片四周会出现黑色虚线框，直接拖动框线便能裁掉不需要的部分。

3.2.4.3　图片去除背景

图片去除背景有两种情况：纯色背景和复杂背景。如果背景为纯色，选中图片，依次单击【图片工具】→【抠除背景】→【设置透明色】，鼠标箭头变身魔棒，单击背景任意位置即可去除背景色，见图3-27。

另一种方法就是单击【智能抠除背景】按钮。单击后，会生成新的标签页，内含删除背景的各种选项。同时，被删除的区域会显示为紫红色。默认删除的背景范围往往不合适，可以单击加、减号按钮手动调整。

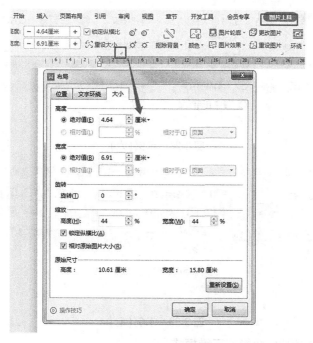

图 3-25　示例 (四)

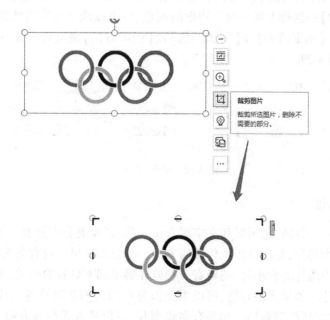

图 3-26　示例 (五)

3.2.4.4　图片更换整体色彩

【颜色】按钮中,还可以选择现成的颜色方案,这就是给图片重新着色,如果你希望把黑色图片调整成其他色,可以尝试【图片填充】,操作见图 3-28。

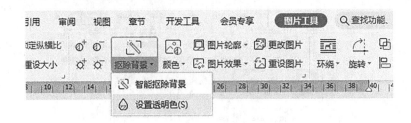

图 3-27　示例(六)

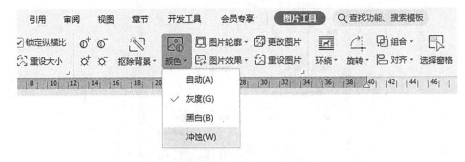

图 3-28　示例(七)

3.2.4.5　图片增加边框、阴影或三维模式

统一图片风格,除着色和滤镜外,还可以给图片增加一个统一的边框。方法为:选中图片→【图片轮廓】→选择方案即可。边框的颜色、粗细或线条类型当然都可以自定义设置。【设置阴影】、【阴影效果】和【阴影颜色】及【阴影方向】调整可以很好地设置图片的立体感,操作见图 3-29。

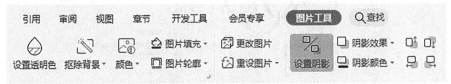

图 3-29　示例(八)

3.2.5　图文混排

其实排版就一个目的:把图形和文字混合在一起,还要混合得好看。如图 3-30 所示,把图放在页面上半部分,是非常传统的排版方法。如果图片尺寸没有那么大,也可以只占据 1/3 的页面。当图片非常小时,的确有一种放在哪里都不好看的感觉,建议在可能的情况下适当放大图片。如果大小合适,可以用类似分栏的页面布局放置图片。如果尺寸实在很小,建议用文字环绕型布局。如果有多张图片,可以插入无框线表格,辅助图片的对齐。如果是图不大但是图很多的情况,建议首先将图片裁剪为统一的尺寸,或者起码是统一的宽、高,然后进行包围式的排列。

如果图片没有背景,那么排版时会灵活很多。另外,图片的剪裁和修饰也对页面整体的美观有很大影响。

以上是图文混排的简单原则,总结如下:

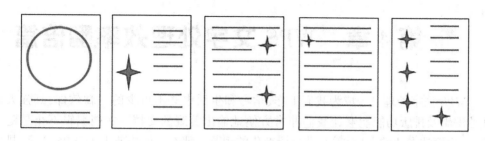

图 3-30　示例(九)

(1)上下或左右排列,总是对的;

(2)图片的尺寸很重要,当图片很少时,适度放大图片;

(3)将图片和文字分为两栏排版;

(4)如果图片很多,那么需要将图片修剪成统一的尺寸比例。

第4章　WPS文字处理效率翻倍篇

WPS文字处理已经成为我们工作、学习和生活中必不可少的一款软件,其强大而简便的编辑及排版功能能够让我们非常方便地输出美观的文档。文档编辑不止是键入文字,一份简洁专业的文档,需要进行标准化的规范。那么如何快速上手WPS文字,排版出美观的文档呢?

4.1　纲举目张:文字目录设置

4.1.1　目录一键生成

单纯地制作一份自动更新的目录并不难,概括来说,只要两步。

首先,你需要为文档标题选择"标题1""标题2"等样式。通过设置样式,你让WPS知道,哪里的文字是标题、是哪一级标题,为制作目录准备好素材。

其次,生成目录。把光标挪至文档最前,依次单击【引用】→【目录】工具栏→【目录】,选择内置样式/自定义样式,确定生成目录,见图4-1。

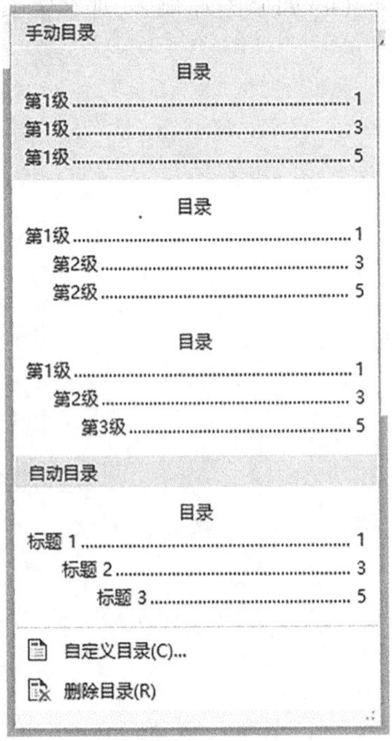

目录制作注意事项:

(1)关于标题样式,经常会有这样的疑问:必须要使用内置标题样式吗?是的!回答是肯定的。你不妨测试一下:新建一个样式,取名为"一级标题测试",然后将它的样式基准设定为标题1。对文档内的标题进行样式设定。

(2)在原有的标题样式基础上,更改样式名称可以吗?可以!WPS文字的逻辑就是,完全新建不可以,但是改名字没问题。

(3)标题样式与目录样式并不联动。具体参见本章接下来的范例。

(4)建议单独为目录留一整页,方便阅读和后续操作。

图4-1　生成目录

4.1.2　目录样式自定义

只能选择内置的标题样式,目录样式还谈得上自定义吗?回答仍然是肯定的!

目录样式的自定义可以分为两个部分:标题样式的自定义,以及最后呈现为目录时的自定义。

如果希望做更多的个性化选择,那么完全可以对目录进行自定义。

是否显示页码? 页码与标题之间是否存在连接线? 连接线的类型? 都可以在"目录"对话框中设置,如图 4-2 所示。

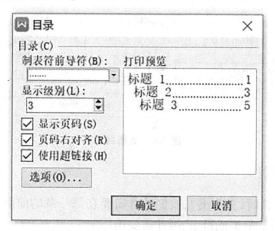

图 4-2　自定义目录样式

(1)如果取消"显示页码"勾选,则目录中只显示标题不显示页码。

(2)如果取消"页码右对齐",则目录中的页码会紧跟标题后显示。

(3)"制表符前导符"就是指页码与标题间连接线的样式,可以有 5 种不同选择。所有选择可以立刻在"目录"对话框中设置的"打印预览"中看到应用效果。

如果希望做更大程度的自定义,在"目录"对话框内点击【选项】,出现"目录选项"对话框,如图 4-3 所示。

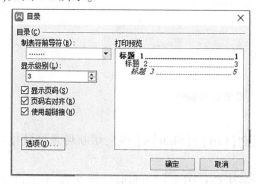

图 4-3　目录选项设置

这里的"标题 1"和"标题 2"等,对应的是标题的等级。

4.1.3　目录更新域样式保留

为什么不是手工输入,而是用这样的形式"生成"目录? 当然是因为方便!

如果标题中有任何修改、页码有任何变动,如果手动制作,那么对应的修改工作量就会大大增加。而自动生成的目录无须那么麻烦,而且保证一定正确。

当目录对应的标题或页码有所变化时:将光标移至目录中单击鼠标右键【更新域】,

弹出"更新目录"对话框,根据需要选择"只更新页码""更新整个目录"即可,如图 4-4 所示。

一般情况下,如果标题的内容或前后顺序没有调整,可以直接选择"只更新页码"。

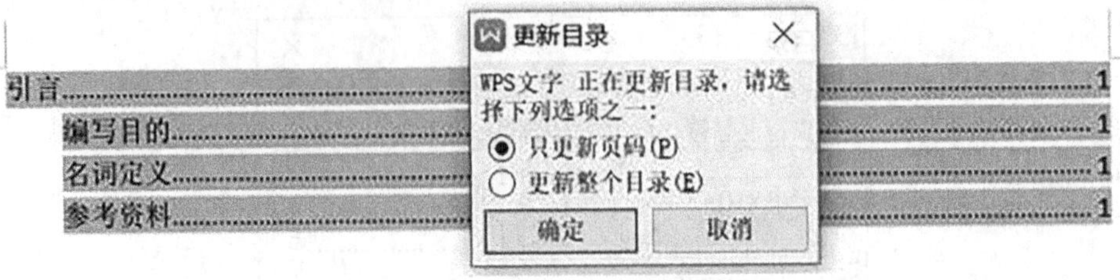

图 4-4　更新目录

4.1.4　章节目录制作

当文档的篇幅很长时(如本书),我们常常需要在每一章的前面加上章节目录。但是 WPS 并不能自动根据章节生成目录,因此需要稍作加工。

首先,需要生成第二份完整的目录。

制作目录很熟练了吧? 快把光标移至第 1 章的合适位置,再生成一份完整的目录。

和之前不一样的是,当你完成第二份目录时,会弹出确认"是否替换所选目录"(见图 4-5),必须选否。

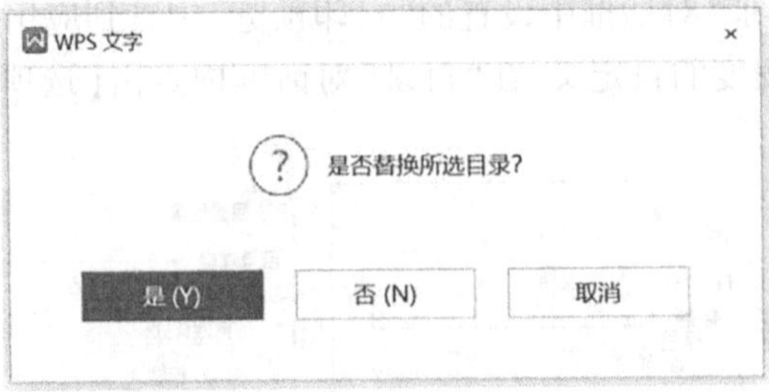

图 4-5　章节目录制作

其次,需要切断目录链接。

选中第二份完整的目录,同时按快捷键【Ctrl】+【Shift】+【F9】,切断目录域链接:目录不再显示灰色域底纹。

特别提醒:用鼠标从头至尾的选中才能生效! 因为在切断域链接之前,单击目录中的任何区域,整个目录都会显示灰色域底纹,让你产生"已经选中了目录"的错觉。如果此时同时按快捷键【Ctrl】+【Shift】+【F9】,你会发现什么都没有发生,或者是个别标题变成了超链接的形式。

最后,你需要手工剪切相关章节目录至各章节前预留的位置。

4.1.5　图、表目录制作

论文、书籍中常常会有许多图、表。表目录、图目录的存在给后续的查阅、引用都提供了很大的方便。

如何制作图、表目录？

我们需要为文档中的图、表插入题注：没有题注当然无法制作图、表目录。

打开需要插入图、表目录的文档，选中需要插入目录的图、表，点击工具栏上的【引用】，在"题注"对话框（见图 4-6）中，按需要插入图、表题注。

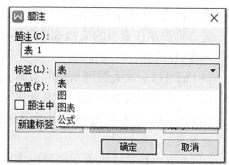

图 4-6　题注

完成图、表题注的添加后，把光标移至需要插入图、表目录的位置，依次点击【引用】→【插入表目录】→【图表目录】（见图 4-7），选择目录样式，点击"确定"完成。

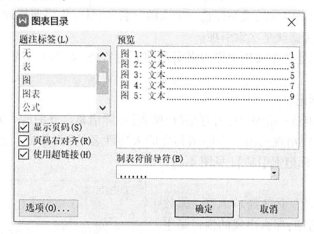

图 4-7　制作图、表目录

怎么样，是不是和目录制作的对话框类似？事实上，设置也基本相同。

值得注意的是：

（1）WPS 没有【插入图目录】按钮。图、表目录都是通过【插入表目录】完成的。

（2）预览中的"图 1：文本"中的"文本"指的是题注中跟在"图 1"后的图片说明。如果题注中没有添加，则此处空缺。

4.2　按"词"索骥：自动化关键词索引

"索引"是什么？其实"索引"是一种关键词备忘录：它是根据需要，将文档中的有关事项（如字、词、人名/地名、书名/刊名、篇名/主题等）分别摘录，注明出处所在页码，按一定的检索方法（首字母顺序、笔画顺序等）编排以供查阅。一般附在文档的末尾。虽然通常你都是翻翻就过去了，不过当你需要撰写相关论文或书籍时，就会感觉如获至宝：关键字都列得清清楚楚，还能按图索骥，没有比这个更方便的了。

制作索引意味着：所有被列入"索引"的关键词（字、词、人名/地名、书名/刊名、篇名/主题等），每出现一次，就要记录一次所对应的页码。而文档在编辑过程中，每次修订也都会牵连所有的"索引"内容发生变动,如关键词的增减,以及相应页码的变化。

通常需要制作索引的文档规模都不小,制作索引也就变成了一项浩大的工程! 如果手工制作,你需要:

(1)记录每一次关键词出现的页码,不停地记录、记录、记录……

(2)当任意修改引起文档页面变化时,对所有的索引项页码进行更新。

(3)在文档完成后,复核索引项所在页码,很可能插入封面等最后的设置导致页码位置发生变化。

(4)在文档最后输入索引项及对应页码,不停地输入、输入、输入……

当然,你完全可以利用 WPS 相关功能把这项工程完成得游刃有余。用 WPS 制作索引只需要两步:①标记索引项;②生成索引。

索引项包括主索引项和次索引项。

主索引项和次索引项的关系好比一个人的学名和昵称:你将曹操列为索引项,文中主索引项为曹操,曹孟德就是次索引项。

标记索引项也就是把文档中作为索引的词汇用 WPS 文字认可的方法标识出来。有两种途径。

第一种手动标记。

例如,你需要制作一份索引,内容是《出师表》中除诸葛亮外的所有人物姓名。

打开《出师表》,出现的第一个除诸葛亮的人物姓名是"郭攸之":选中"郭攸之",依次点击【引用】→【标记索引项】(见图 4-8)。

注意事项:

(1)"主索引项"中已经填入了"郭攸之";如果开始不选中,那么出现的窗口是空白的。

(2)"页码格式"指的是最后在列出索引时,页码字体是否需要加粗或倾斜,例如,"**郭攸之:2**"或"*郭攸之:2*"。

(3)完成设定后,如果选择【标记】,则只标记当前项目为索引,通常我们会选择【标记全部】,以避免重复劳动。

如果你需要继续添加索引,可以不关闭这个对话框,继续重复如上操作。等全部完成后,单击【关闭】按钮即可。

可以一次性完成索引标记工作吗? 当然可以。第二种途径就是自动索引标记。

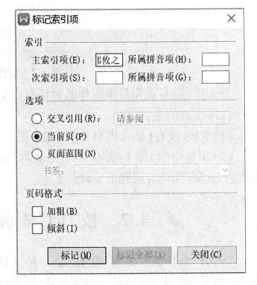

图 4-8　制作索引(一)

简单地说,就是通过导入文档完成自动标记索引的工作。

姑且将这个文档称为"索引表":索引表在使用前,必须符合下列两点要求。

(1)包含索引项的信息。

(2)必须符合一定的格式:必须是一个双列表格。

索引表的第一列含有索引词条,第二列内按照"主索引项:次索引项"的格式填入内容。如果没有次索引项呢?那就是"主索引项:主索引项"。如图 4-9 所示为《出师表》索引表的一部分。

郭攸之	郭攸之
费祎	费祎
董允	董允
向宠	向宠

图 4-9　制作索引表

制作完成索引表后,保存并关闭该文档。

然后打开主文档,点击【引用】→【插入索引】,出现"索引"对话框(见图 4-10),点击【自动标记】即打开索引表所在位置,点击【打开】,主文档会根据索引表的内容,自动完成全文索引标记。

完成主文档中索引的标记之后,依次点击【引用】→【索引】→【插入索引】,点击【确定】按钮,索引就会在光标所在位置生成,如图 4-11 所示。

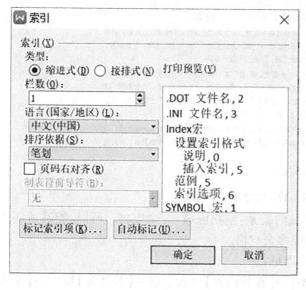

图 4-10　制作索引(二) 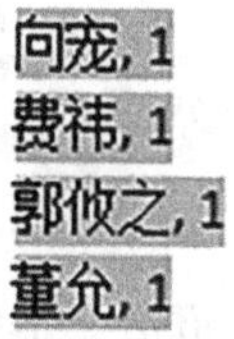　　　　　　　　图 4-11　索引效果

4.3　大海捞"字":查找与替换

在完成文档之前,我们考虑的第一要务是把内容完成。但是一旦完成,文稿的版面设置就是最要紧的事了。

如多余空格或空白区域的删除,如某个字体的统一替换,如图片格式的统一,如果都靠手动完成——

麻烦 1:费时费力;

麻烦 2:容易出错。

但是不用手动,怎么办?

当然是用查找、替换!

4.3.1 空白区域的删除

如图 4-12 所示,可能因为援引的原文中含有很多空格,也可能因为编辑过程中存在操作不规范,总之,结果就是,我们的文稿最后含有许多空白区域。

> 先帝创 业未半而中道崩殂,今 天下三分,益州疲弊,此诚危急存亡 之秋也。然侍卫之臣不懈于内,忠志之士忘身于外者,盖追先帝之殊遇,欲 报之陛下也。 诚宜开张圣听,以光先帝遗德,恢 弘志士之气,不宜妄自菲薄,引喻失义,以塞忠谏之路也。
>
> 宫中府中,俱为一体,陟罚臧否,不宜异同。若有作奸犯科及为忠善者,宜付有司论其刑赏,以昭陛下平明之理,不宜偏私,使 内外异法也。
>
> 侍中、侍郎郭 攸之、费祎、 董允等,此皆良实,志虑忠纯,是以先帝简拔以遗陛下。愚以为宫中之事,事无大小,悉以咨之,然后施行,必能裨补阙漏,有所广益。
>
> 将军向宠,性行淑均,晓畅 军事,试用于昔日,先帝称之曰能, 是以众议举宠为督。愚以为营中 之事,悉以咨之,必能使行阵和睦,优劣得所。
>
> 亲贤臣、 远小人, 此先汉所以兴隆也;亲小人、远 贤 臣,此后汉所以倾颓也。先帝在时,每与臣论此事,未尝不叹 息痛恨于桓、灵也。侍中、尚书、长史、参军,此悉贞良死节之 臣,愿陛下亲之信之,则汉室之隆,可计日而待也。
>
> 臣本 布衣,躬耕于 南阳,苟全性命于乱世,不求闻达于诸侯。先帝不以臣卑鄙,猥自枉屈,三顾臣于草庐之中,咨臣以当世之事,由是感激,遂许先帝以驱驰。后值倾覆,受任于败军之际,奉命于危难之间,尔来二十有一年矣。
>
> 先帝知臣谨 慎,故临崩寄臣以大事也。受 命以来,夙夜忧叹,恐托付不效,以伤先帝之明,故五月渡泸,深入不毛。今南方已定,兵甲已足, 当奖率三军,北定中原,庶竭驽钝,攘除奸凶,兴复汉室,还于旧都。此臣所以报先帝而忠陛下之职分也。至于斟酌损益,进尽忠言,则攸之、祎、允之 任也。
>
> 愿陛下托 臣以讨贼兴复之效,不效,则治臣之罪,以告先帝之灵。若无兴德之言,则责攸之、祎、允等之慢,以彰其咎;陛下亦宜自谋,以咨诹善道,察纳雅言,深追先帝遗诏,臣不 胜受恩感激。
>
> 今当远离,临表涕零,不知所言。

图 4-12 文字中的空白区域

首先,澄清一下空格和空白区域的关系:空白区域 = n 个空格。所以,能够适用于删除空白区域的方法,就一定能够删除多余空格。

无须记忆,无须编程,直接操作即可:

【开始】→【查找替换】→【替换】→【查找内容】填入空格→【替换为】留空→【全部替换】。

这样,所有的空白区域就全部完成了替换。

那么做过这些操作后,有没有可能还有空白处呢?

答案是肯定的。

这是因为,空白区域 = n 个半角空格及 n 个全角空格和 n 个空行。

刚才的办法适用于 n 个半角空格的状态,如果要去除全角空格,最简单的办法是:复制全角空格中的某个小方块,点击【开始】选择"替换""查找",框内用快捷键【Ctrl】+【V】粘贴刚才复制的小方块,"替换"框留空,确认全部替换。

至于空行,则需要在"替换"框内输入换行符完成。由于并不确定换行符是软回车或是硬回车,甚至换行符的数量也不确定,因此只能反复查找、替换完成(见图 4-13)。比如:

在"查找"框内输入"^p^p"代表两个连续的换行符,"替换"框内输入"^p"代表将多余的空行变为 1 个空行。

因此,如果篇幅不长,的确可以考虑手动删除空行。

图 4-13　查找和替换对话框

4.3.2　替换字体

如果需要一次性替换字体,该怎么办?

WPS 的查找、替换功能可以有针对性地将某个格式的字体替换为另一个格式的字体。

假设需要将宋体六号的"字体格式"全部替换为黑体五号加粗"字体格式"。点击【开始】,在"查找和替换"弹出窗口,点击"格式"→"字体",如图 4-14 所示。

图 4-14　替换字体

弹出"查找字体"对话框,选择宋体六号,如图 4-15 所示。

图 4-15　替换字体设置

同样的,在"替换为"输入框中选中"格式""字体"→"查找字体",弹出字体设置对话框,选择黑体五号。

回到"查找和替换"窗口,点击【全部替换】完成字体的替换,如图 4-16 所示。

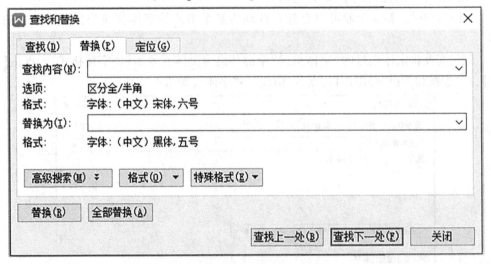

图 4-16　字体全部替换设置

这里要说明的是:字体替换 WPS 能做到,但这是特殊情况之下的特殊操作,一般会在最后文档完成后,需要补救或进行紧急编辑时采用。最好的方法是什么？当然是采取样式！提前规划字体格式,设置样式。这样,无论后期需要怎样的改动,直接在样式内进行修改就好了。

第 2 部分　WPS 表格处理

　　与 WPS 文字处理软件一样,WPS 表格也是 WPS 办公软件的一个组件,属于电子表格处理软件,具有制作表格、处理数据、分析数据和创建图表等功能,广泛应用于财务、行政、金融、经济、统计、审计、工程数据和办公自动化等众多领域,大大提高了数据处理的效率。

📊 第 5 章　WPS 表格数据导入篇

目前,很多在线平台或信息系统基本都支持 WPS 表格,通过 WPS 表格可以实现数据跨表共享、自动填充、单元格格式设置、数据有效性等功能,用于对表格式的数据进行导入和基本数据处理等数据操作。

✏️ 5.1　摒弃手工问卷,让调查回归自动化

有很多好用的在线问卷平台,如问卷网、问卷星、腾讯问卷等,可以轻松制作电子问卷并通过微信、二维码等方式分发出去,有些平台还能和活动报名结合,从活动通知到报名、收集信息、统计报表一站式解决。比起在 WPS 表格里设计问卷再发出去要高效多了。

每个平台在各自网站上都有简易的问卷制作教程,使用方法也非常简单。你要做的就是注册一个账号,制作问卷,分享出去。

平台后台一般都能自动统计数据,有数据表和图表两种形式,并且能够导出完整的答卷源数据表,非常方便,如图 5-1 和图 5-2 所示。

高效驾驭 WPS 表格的第一要诀是:别迷信 WPS 表格。现如今各种软件工具、APP,能更有针对性地解决问题,跳出工具的限制,寻找更好的解决方案才是关键。

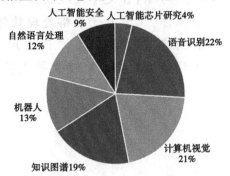

图 5-1　问卷平台自动统计结果图表形式

序号	提交答卷时间	所用时间	来源	本单位人工智能工作主要涉及哪些技术领域?					
1	2020/7/3 11:47:42	1187秒	微信	语音识别	自然语言处理	知识图谱	计算机视觉	人工智能安全	
2	2020/7/3 11:49:32	529秒	微信	语音识别	计算机视觉	人工智能安全			
3	2020/7/3 12:00:27	1595秒	微信	语音识别	自然语言处理	知识图谱	计算机视觉	机器人	
4	2020/7/3 12:36:07	772秒	微信	语音识别	计算机视觉	机器人			
5	2020/7/3 12:54:24	473秒	微信	语音识别	自然语言处理	知识图谱	计算机视觉	人工智能芯片研究	机器人
6	2020/7/3 13:11:03	285秒	微信	语音识别	自然语言处理	知识图谱	计算机视觉	人工智能安全	机器人
7	2020/7/3 13:52:00	492秒	微信	语音识别	知识图谱	人工智能安全			
8	2020/7/3 14:19:01	692秒	微信	语音识别	自然语言处理	知识图谱	人工智能安全	机器人	
9	2020/7/3 14:26:07	449秒	微信	语音识别	自然语言处理	知识图谱	计算机视觉	机器人	
10	2020/7/3 15:17:52	993秒	微信	语音识别	计算机视觉				
11	2020/7/3 15:18:29	1378秒	微信	知识图谱	计算机视觉				
12	2020/7/3 16:49:55	709秒	微信	知识图谱	计算机视觉	人工智能芯片研究	机器人		
13	2020/7/3 16:50:21	3220秒	微信	语音识别	自然语言处理	知识图谱	计算机视觉	机器人	
14	2020/7/3 17:27:26	4608秒	微信	知识图谱					
15	2020/7/3 20:09:15	2497秒	微信	语音识别	计算机视觉	其他【数据产品研发】			
16	2020/7/3 23:13:24	557秒	微信	语音识别	知识图谱				
17	2020/7/6 10:02:48	2385秒	微信	语音识别	知识图谱	计算机视觉			
18	2020/7/6 16:18:18	2480秒	微信	语音识别	自然语言处理	知识图谱	计算机视觉	人工智能芯片研究	人工智能安全	机器人

图 5-2　问卷平台统计结果导出的 Excel 表

平台中的统计功能都比较简单有限,要深入挖掘数据之间的关系和规律,还是 WPS 表格处理起来会更加灵活。所以,不仅仅是问卷平台,各种销售管理系统、记账系统、客户管理系统、软件 APP,只要是涉及数据记录的,基本支持导出 WPS 表格或其他数据文件。

5.2 你有我便有：数据跨表共享

很多时候，我们只要做好数据搬运工作就可以在很大程度上提高工作效率。唯一要解决的问题就是怎么搬对地方。例如，如果有一份员工花名册，就能够按照工号，把每个工号相匹配的员工姓名、性别"搬"到对应的位置。

只要学会一个函数 VLOOKUP，几秒钟就能轻松解决，如图 5-3 所示。把 WPS 表格当作数据仓库，按照规范创建源数据表。以后在任何地方要用到相同的数据，只要有关联，即使是上万行数据，都能够在分秒之间随时取用。

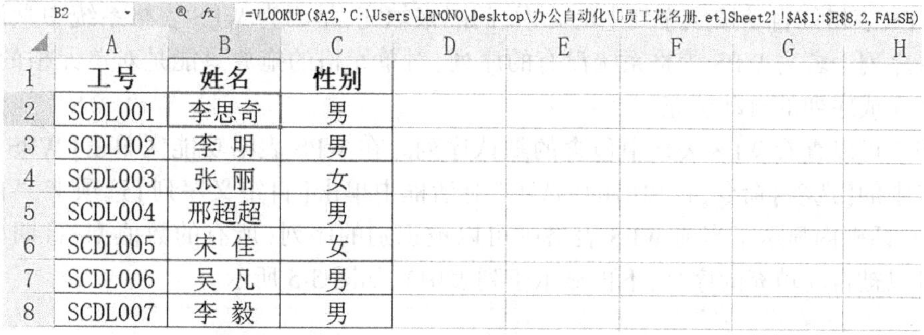

	A	B	C	D	E	F	G	H
	B2	⌕ fx	=VLOOKUP($A2,'C:\Users\LENONO\Desktop\办公自动化\[员工花名册.et]Sheet2'!$A$1:$E$8,2,FALSE)					
1	工号	姓名	性别					
2	SCDL001	李思奇	男					
3	SCDL002	李 明	男					
4	SCDL003	张 丽	女					
5	SCDL004	邢超超	男					
6	SCDL005	宋 佳	女					
7	SCDL006	吴 凡	男					
8	SCDL007	李 毅	男					

图 5-3 利用 VLOOKUP 公式自动生成姓名和性别

5.3 "1"生万物：自动填充的妙用

5.3.1 自动填充功能

除通常的数据输入方式外，还可以使用 WPS 表格所提供的填充功能进行快速地批量录入数据。WPS 表格默认启用了"使用填充柄和单元格拖放功能"，当选中一个单元格（或区域）时，单元格边框的右下角有一个小方块，此即为"填充柄"。将鼠标移动至"填充柄"上时鼠标指针会变成黑色加号，此时按住鼠标左键向下拖动（也可向其他方向拖动），可将数据复制到相邻单元格或填充有序数据，如图 5-4 所示。

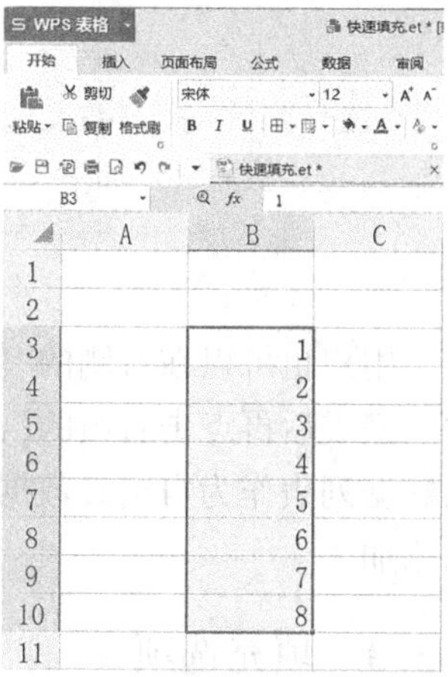

填充分为以下几种情况：

（1）初始值为 WPS 表格预设的自动填充序列中的一员，按预设序列填充。如初始为 1 月，自动填充 2 月、3 月、4 月……

（2）初始值为纯文本且非填充序列中的一员，填充相当于复制。

（3）初始值为文本和数值的混合体，填充时文本不变，

图 5-4 单元格的自动填充

数值部分递增。如初始值为第1,填充为第2、第3、第4……

(4)当某行或某列的数字为等差序列或等比序列时,WPS表格会根据给定的初始值,按照固定的步长增加或减少填充的数据。如给出1、2,然后选中这两个单元格,拖动填充柄到目的地,自动填充3、4、5、6……

5.3.2 序列

前面提到可以实现自动填充的"顺序"数据在WPS表格中被称为"序列"。在单元格中输入序列中的元素,就可以为WPS表格提供识别序列内容及顺序信息,以便WPS表格在使用自动填充功能时,自动按照序列中的元素、间隔顺序来依次填充。

WPS表格能自动按照序列中的元素、间隔来填充,是因为WPS表格系统中默认包含了这些序列。若为WPS表格系统没有的序列,对单元格的拖放只能是对单元格的复制,而无法完成序列的自动填充。

用户可以查看WPS表格中包含的默认序列。在WPS表格功能区单击【WPS表格】选项卡中的【选项】命令,在弹出的"选项"对话框中单击【自定义序列】选项卡,"自定义序列"对话框内显示了当前WPS表格中可以被识别的序列(所有的数值型、日期型数据都是可以被自动填充的序列,不再显示于列表中),如图5-5所示。

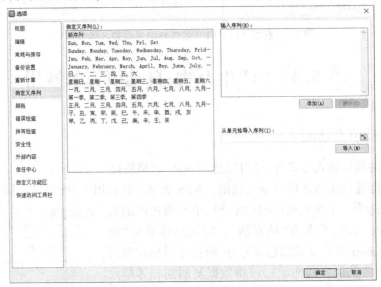

图5-5 "自定义序列"对话框

用户也可以在右侧的"输入序列"文本框中手动添加新的数据序列作为自定义序列,输入完成后再点击右边的【添加】按钮完成自定义序列的添加,或者引用表格中已经存在的数据列表作为自定义数据,选择好引用区域后点击右边的【导入】按钮完成自定义序列的添加。

5.3.3 填充选项

自动填充完成后,填充区域的右下角会显示【填充选项】按钮,用鼠标左键单击此按钮,在其扩展菜单中可显示更多的填充选项。数值型、文本型数据的填充选项菜单中有"复制单元格""以序列方式填充""仅填充格式""不带格式填充"4 个选项,如图 5-6 所示。而日期型数据的填充选项菜单中还多了"以天数填充"等日期型数据特有的选项,如图 5-7 所示。

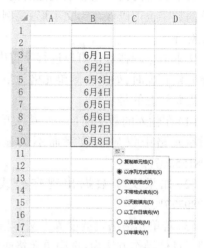

图 5-6　数值型、文本型数据填充选项按钮菜单　　　图 5-7　日期型数据填充选项按钮菜单

5.4　前导 0 丢失的秘密:单元格格式设置

在 WPS 表格中,经常要对不同类型的数据进行处理,就要向单元格中输入数据。在 WPS 表格中,各类数据显示方式和用途各不相同,见表 5-1。

表 5-1　WPS 表格单元格常用数据类型

数据类型	默认对齐方式	示例
文本	左对齐	姓名、身份证号
数值	右对齐	3.125、−78
日期	右对齐	2019−6−1
时间	右对齐	15:38
百分比	右对齐	88.9%
货币	右对齐	$ 4.50

要在单元格中输入数据,可以先选中目标单元格,使其成为当前"活动单元格"后即可向单元格内输入数据。数据输入完毕后按回车键或是使用鼠标单击其他单元格即可确认完成输入。要在输入过程中取消本次输入内容,则可按【Esc】键退出输入状态。

当用户输入数据时,WPS 表格工作窗口底部状态栏的左侧会显示"输入"两个字,原有编辑栏的左侧会出现两个新的图标,分别是【×】按钮和【√】按钮。在输入过程中,可以单击【×】按钮取消输入,或单击【√】按钮确认当前输入内容。

5.4.1 输入文本

文本通常是指一些非数值性的文字、符号等,但许多不代表数量的、不需要进行数值计算的数字也可以保存为文本形式,例如电话号码、身份证号码等。文本在单元格中默认是左对齐。

文本数据的特点是可以进行字符串运算,不能进行算术运算。当输入的文本长度超过单元格宽度时,如果右侧单元格为空,超出部分延伸到右侧单元格,否则超出部分隐藏。

需要注意的是:

(1)在输入的数字前加一个英文单引号"′"后,WPS 表格将按文本数据处理。在显示时单元格中仅显示数字而不会显示单引号,只有在编辑栏中才会显示出来,如′13981558077。

(2)如果文本数据出现在公式中,文本数据需用英文双引号括起来,如 ="18989777"。

(3)若单元格格式被设置为文本格式,则单元格中输入的数字也将被作为文本数据处理。具体操作方法为:选中单元格或单元格区域,单击【开始】选项卡中【数字格式】下拉选项框,选择【文本】选项,也可以选择【其他数字格式】选项,在弹出的"单元格格式"对话框中选择"数字"选项卡,选择【分类】列表框中的【文本】选项,此后在该单元格或单元格区域中输入的数据将会作为文本来处理,如图 5-8 所示。

图 5-8 "单元格格式"对话框"数字"选项卡

5.4.2 输入数值

在 WPS 表格中,输入的数值可以是整数、小数、分数或科学记数法表示的数,如 56、-58.4 等。在自然界中,数字的大小可以是无穷无尽的,但由于软件系统的自身显示,

WPS 表格可以表示和存储的数字最大精度只有 15 位有效数字。对于超过 15 位的整数，WPS 表格会自动将 15 位以后的数字变为 0，因此无法用数值形式存储 18 位的身份证号码，只能以文本形式来保存位数超过 15 位的数字。数值型数据在单元格中一般以右对齐方式显示。

数值型数据的特点是可以对其进行算术运算。输入数值时，默认形式为常规表示。当单元格的列宽无法完整显示数据所有部分时，WPS 表格会自动以四舍五入的方式对数值的小数部分进行截取显示。如果将单元格的列宽调大，显示的位数相应增多。

若单元格的列宽无法完整显示数据的整数部分，或对于小数无法显示出 1 位有效数字，则 WPS 表格会自动将该数据转换成科学记数法来表示。表示后，若仍超过单元格的宽度，单元格中将显示######，此时需要加大该单元格所在列的宽度才能将其显示出来。

需要注意的是：

（1）输入负数时，既可以用"−"号开始，也可以用一对英文括号代替负号的形式，如 −99 或（99）。

（2）输入分数时，为了和日期型数据区分，应先输入整数部分和一个英文空格，再输入分数。若无整数部分则必须先输入 0 和一个英文空格后再输入分数。如要输入"4/5"则应在单元格中键入"0 4/5"，否则 WPS 表格会认为它是日期"4 月 5 日"。

（3）输入的数据必须遵守 WPS 表格的系统规范，当输入整数部分以 0 开头或小数部分以 0 结尾的数字时，系统会自动将非有效位数上的 0 清除。若要输入该类数据只能将数据类型转换为文本类型。

5.4.3 输入日期/时间型数据

在 WPS 表格中有一些固定的日期与时间格式，如 2019/6/1、2019 年 6 月 1 日、09:01 等。当输入的日期或时间数据与这些格式相匹配时，系统会自动将其作为日期或时间处理。

日期的输入可以用"/"或"−"分隔，也可直接输入中文的"年""月""日"进行分隔，如 2019/6/1、2019 − 6 − 1 或 2019 年 6 月 1 日。若要输入当天的日期，则可用组合键【Crtl】+【;】。

时间的格式为"小时:分:秒（AM/PM）"，其中小时、分、秒之间用":"分隔。时间与字母之间必须加上一个英文空格，否则系统将识别其为文本。如未加上字母后缀，系统将使用 24 小时制显示时间。若同时输入日期和时间，则在日期和时间之间用英文空格进行分隔。若要输入当前的时间，则可用组合键【Ctrl】+【Shift】+【;】。

5.4.4 输入逻辑值数据

在 WPS 表格中可以直接输入逻辑值 TRUE(真)或 FALSE(假)。也可以是数据之间进行比较运算时，WPS 表格判断之后，在单元格中自动产生的运算结果 TRUE 或 FALSE。逻辑值数据在单元格中一般以居中方式显示。逻辑值可参与运算，TRUE 为 1，FALSE 为 0，如在 A1 单元格中输入 =TRUE+5，则返回结果为 6。

5.5 防范未然:预防出错有技巧

数据有效性可以控制单元格可接受数据的类型和范围,防止用户输入无效数据。主要有三个用途:预先提醒、出错警告和选择填空。

选中一个区域后,在【数据】选项卡中单击【有效性】按钮,弹出"数据有效性"对话框,就能够配置该区域限制输入的条件,输入前出现的提示信息,出错以后弹出的警告信息,如图5-9所示。

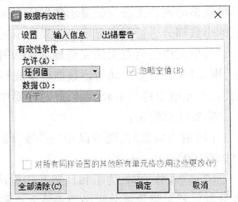

5.5.1 输入前置提醒

当选中设置过输入信息的单元格时,就会自动在单元格旁边浮现提示框。而在没有选中数据有效性区域时,这些提示信息完全看不见,不影响表格阅读。

图5-9 "数据有效性"对话框

所以,我们可以将期望表格用户输入的内容形式、规范要求等信息写入此处,让他们将活动单元格移动到此位置,准备输入数据时就知晓,如图5-10和图5-11所示。

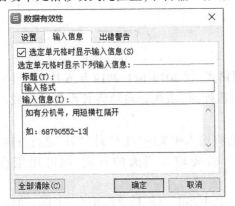

图5-10 设置"输入前置提醒"   图5-11 设置"输入前置提醒"后的单元格

5.5.2 警告提示

要在输错数据时让表格自动发出警告,需要预先设置有效性条件,也就是输入怎样的数据才符合条件,才会被允许输入。当所输入数据不符合有效性条件时,就发出警告,如图5-12所示。

例如,手机号码只允许输入11位的数字,数字位数不够、过多都会发出警报,可以如图5-13和图5-14所示设置属性。

图 5-12　警告提示

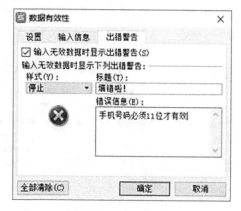

图 5-13　设置"文本长度等于 11"　　　　图 5-14　添加警告信息

通过有效性条件,可以分别对日期、整数、小数、时间、文本等类型进行丰富的数据录入限定功能。

例如,只能输入指定范围内的日期,可以如图 5-15 所示设置属性。

再结合公式引用、函数,还能进一步强化录入限定,比如不能输入重复值等。

例如,选中 A 列,设置数据有效性允许自定义类型的条件,然后输入图 5-16 中所示的 countif 公式,这样 A 列中就不允许输入任何重复值。

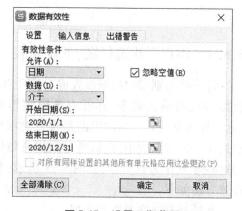

图 5-15　设置日期范围

如果还有其他更多限定条件要实现,只要结合不同的函数公式就能实现。

数据有效性的限定功能,只能对配置完成后手工录入的数据起作用。而对已经输入的数据,以及复制粘贴而来的数据则毫无办法。如果需要检验已经输入的数据是否符合有效性条件,可以使用"圈释无效数据"功能,实行事后验证,如图 5-17 所示。

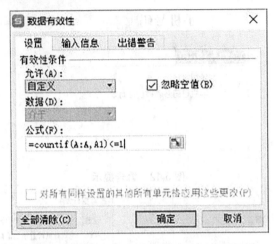

图 5-16　设置"A 列不允许输入任何重复值"

图 5-17　圈释无效数据

5.5.3　用户喜欢选择题:下拉列表

将一些类别型的数据设置成下拉列表,不仅能够提高输入效率,还能有效限定填写范围,确保规范一致。制作思路是将分类项目单独放在一份参数表中,然后通过数据有效性引用这些参数作为数据源,如图 5-18 所示,具体设置方法如下:

- 选择有效性条件为序列;
- 选择添加数据来源。

诸如部门、产品类别、型号、省市等相对固定的分类信息,都可以利用下拉列表限定输入的内容,让填写人直接选择填空。如此便避免出现一种分类、多种写法的情况。

图 5-18　设置下拉列表

按照前文所述的步骤制作下拉列表存在一个问题:如果参数继续增加,比如增加一门 Excel 课程,下拉列表无法自动更新,从而需要重新设置数据有效性的序列来源范围。

　　有一个简单的诀窍,可以让下拉列表实现自动更新:将参数转换成智能表格
(【Ctrl】+【L】)。

　　实际工作中经常会利用智能表格自动扩展的特点,将其作为动态数据源来实现。在
没有智能表格的版本或其他表格软件中,只能通过 OFFSET 等函数公式去实现,无疑会更
为复杂。

　　如果记录数据的表格比较大,可以将参数单独置于另一张工作表,这也是"数据表按
用途分离"的理念体现。

第6章 WPS表格数据加工篇

通过 WPS 表格实现数据导入和数据基本处理后，还可以实现分列、查找与替换、定位、删除重复项、选择性粘贴、排序、筛选等功能，用于对表格式的数据进行组织、分析等数据加工操作。

6.1 吹尽狂沙始到金：分列新技能

WPS 表格中的分列功能可以将单列文本拆分为多列，同时用户还可以选择拆分方式：固定宽度或者在各个逗号、句点或其他字符处拆分。

【例 6-1】 如图 6-1 所示，将数据清单中的"姓名 性别"列拆分成单独的"姓名"列和"性别"列，同时从身份证号中拆分出员工的出生日期。

	A	B	C	D	E	F	G	H
1	工号	姓名 性别	部门	政治面貌	身份证号	姓名	性别	出生日期
2	0160101	赵华 男	营销部	群众	510104********2116			
3	0160102	钱丹 女	设备部	党员	510104********2087			
4	0160103	孙跃 男	安监部	群众	510104********2511			
5	0160104	李丽 女	营销部	党员	510104********1961			
6	0160105	周小艺 女	营销部	群众	510104********2582			
7	0160106	吴东 男	设备部	党员	510101********2233			
8	0160107	郑怡 女	安监部	党员	510101********2682			
9	0160108	王文章 男	安监部	群众	510101********2818			
10	0160109	冯一媛 女	设备部	群众	510101********1148			
11	0160110	陈奕玮 男	营销部	党员	510101********1471			
12	0160111	蒋春华 女	安监部	群众	510101********1068			
13	0160112	沈俊希 男	设备部	党员	510101********0334			
14	0160113	杨乾元 男	安监部	群众	510101********1257			

图 6-1 "员工信息表"数据清单

将数据清单中的"姓名 性别"列拆分成单独的"姓名"列和"性别"列，具体操作步骤如下：

(1)选中需要分列的数据区域，即 B2:B14 单元格区域。

(2)单击功能区【数据】选项卡下的【分列】按钮，弹出"文本分列向导"对话框，点击【分隔符号】单选按钮，如图 6-2 所示。

(3)点击【下一步】，在弹出的对话框中的"分隔符号"中选择"空格"（因为要拆分的"姓名 性别"列单元格中的数据是使用空格隔开的），可在"数据预览"中查看拆分效果，如图 6-3 所示。

(4)点击【下一步】，在弹出的对话框中，"列数据类型"选择"常规"，"目标区域"是指将拆分出来的数据要放置的区域，即选择 F2:G14 区域，如图 6-4 所示。

(5)点击【完成】，即可将"姓名 性别"列分别拆分成单独的"姓名"列和"性别"列，如图 6-5 所示。

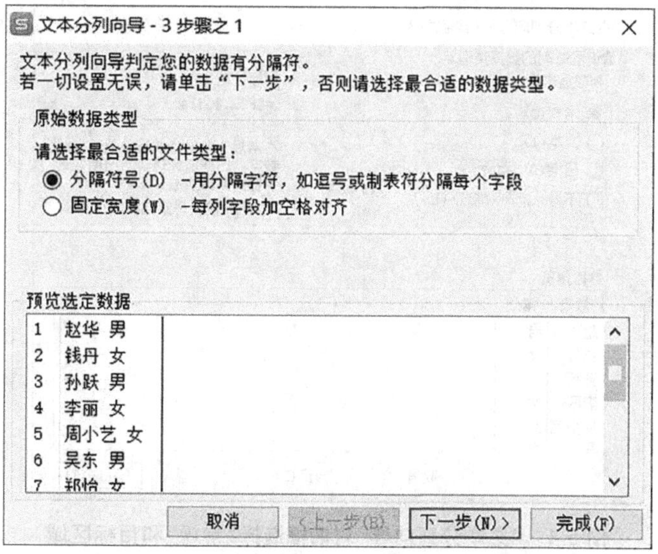

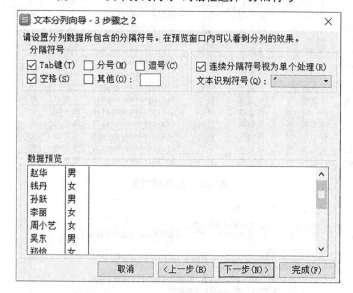

图 6-2　"文本分列向导"对话框选择"分隔符号"

图 6-3　"文本分列向导"对话框选择"空格"

从身份证号中拆分出员工的出生日期,具体操作步骤如下:

(1)选中需要分列的数据区域,即 E2:E14 单元格区域。

(2)单击功能区【数据】选项卡下的【分列】按钮,弹出"文本分列向导"对话框,点击【固定宽度】单选按钮,如图 6-6 所示。

(3)点击【下一步】,在弹出的对话框"数据预览"中,在要建立分列的位置单击鼠标建立分列线,如图 6-7 所示。

(4)点击【下一步】,日期列两边的值选择"列数据类型"中的"不导入此列(跳过)",日期列选择"列数据类型"中的"日期",并设置日期格式为"YMD",选择"目标区域"为 H2:H14 区域,如图 6-8 所示。

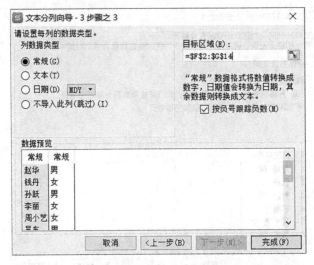

图 6-4 "文本分列向导"对话框选择"常规"和目标区域

	A	B	C	D	E	F	G	H
1	工号	姓名 性别	部门	政治面貌	身份证号	姓名	性别	出生日期
2	0160101	赵华 男	营销部	群众	510104********2116	赵华	男	
3	0160102	钱丹 女	设备部	党员	510104********2087	钱丹	女	
4	0160103	孙跃 男	安监部	群众	510104********2511	孙跃	男	
5	0160104	李丽 女	营销部	党员	510104********1961	李丽	女	
6	0160105	周小艺 女	营销部	群众	510104********2582	周小艺	女	
7	0160106	吴东 男	设备部	党员	510101********2233	吴东	男	
8	0160107	郑怡 女	安监部	党员	510101********2682	郑怡	女	
9	0160108	王文章 男	安监部	群众	510101********2818	王文章	男	
10	0160109	冯一媛 女	设备部	群众	510101********1148	冯一媛	女	
11	0160110	陈奕玮 男	营销部	党员	510101********1471	陈奕玮	男	
12	0160111	蒋春华 女	安监部	群众	510101********1068	蒋春华	女	
13	0160112	沈俊希 男	设备部	党员	510101********0334	沈俊希	男	
14	0160113	杨乾元 男	安监部	群众	510101********1257	杨乾元	男	

图 6-5 分列后结果

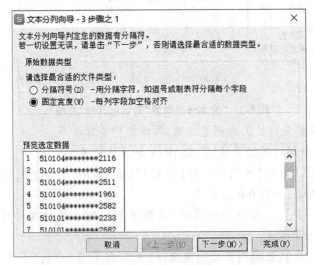

图 6-6 "文本分列向导"对话框选择"固定宽度"

(5)点击【完成】,即可从身份证号中拆分出员工的出生日期,如图 6-9 所示。

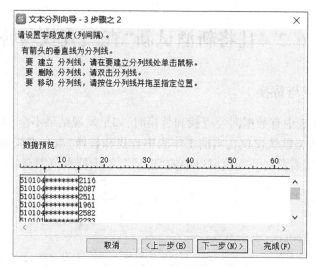

图 6-7 "文本分列向导"建立分列线

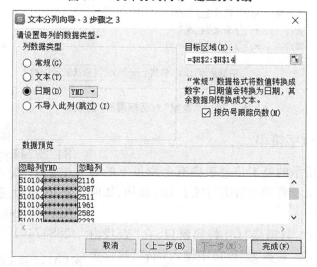

图 6-8 "文本分列向导"对话框选择列数据格式"日期"和目标区域

	A	B		C	D	E	F	G	H
1	工号	姓名	性别	部门	政治面貌	身份证号	姓名	性别	出生日期
2	0160101	赵华	男	营销部	群众	510104********2116	赵华	男	********
3	0160102	钱丹	女	设备部	党员	510104********2087	钱丹	女	********
4	0160103	孙跃	男	安监部	群众	510104********2511	孙跃	男	********
5	0160104	李丽	女	营销部	党员	510104********1961	李丽	女	********
6	0160105	周小艺	女	营销部	群众	510104********2582	周小艺	女	********
7	0160106	吴东	男	设备部	党员	510101********2233	吴东	男	********
8	0160107	郑怡	女	安监部	党员	510101********2682	郑怡	女	********
9	0160108	王文章	男	安监部	群众	510101********2818	王文章	男	********
10	0160109	冯一媛	女	设备部	群众	510101********1148	冯一媛	女	********
11	0160110	陈奕玮	男	营销部	党员	510101********1471	陈奕玮	男	********
12	0160111	蒋春华	女	安监部	群众	510101********1068	蒋春华	女	********
13	0160112	沈俊希	男	设备部	党员	510101********0334	沈俊希	男	********
14	0160113	杨乾元	男	安监部	群众	510101********1257	杨乾元	男	********

图 6-9 从身份证号中拆分出员工出生日期

✎ 6.2 且将新酒试新"查":查找与替换

6.2.1 跨表查找与替换

当在多张工作表中有数据需要查找和替换时,如果发现结果不全,很可能是漏了一个关键操作。WPS 表格默认仅仅在当前工作表中查找和替换,当有多张新工作表的数据需要查找和替换时,则需要展开查找窗口中的"选项",扩大搜索范围至"工作簿",如图 6-10 所示。

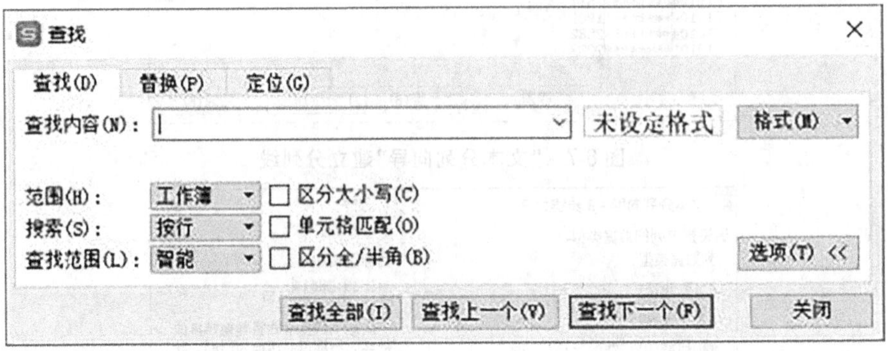

图 6-10 "查找"对话框展开"选项"

6.2.2 批量修改字符串

在如图 6-11 所示的员工信息表中有个别员工的邮箱登记出错了,有几个邮箱把后缀写成了 163 邮箱,如何全部修正过来呢?

图 6-11 "员工信息表"中员工邮箱

如图 6-12 所示,只需要打开替换窗口,在"查找内容"中输入"163",在"替换为"窗口中输入"qq",执行全部替换即可,替换后的员工邮箱如图 6-13 所示。

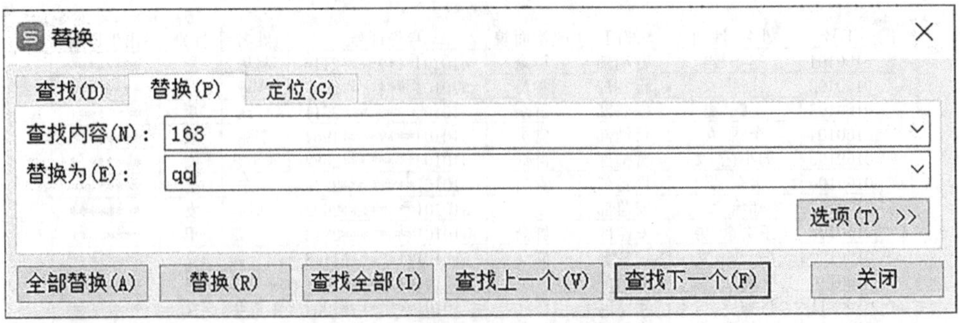

图 6-12 "替换"窗口中批量修改

但是如果恰好有一个邮箱前面数字里面包含有 163,那么它也会被一并替换。显然这不是我们想要的结果。

此时就需要更多的辅助条件限定查找的范围。例如,只希望替换@符号之后的 163,那就可以把@也加进去,连成一个整体,起到缩小匹配范围的作用,从而更精确地匹配。

邮箱
8472224@qq.com
9284575@qq.com
9398448@qq.com
82746456@qq.com
288474@qq.com

图 6-13　批量修改后的员工邮箱

6.2.3　模糊查找与替换

如果决定把图 6-11 员工信息表中员工邮箱的 qq 域名、163 域名,全部统一换成 scdl 域名。这样还能一次替换就搞定吗?

能! 查找和替换均可以使用通配符,只需进行一次模糊匹配就能全部统一,如图 6-14 所示。

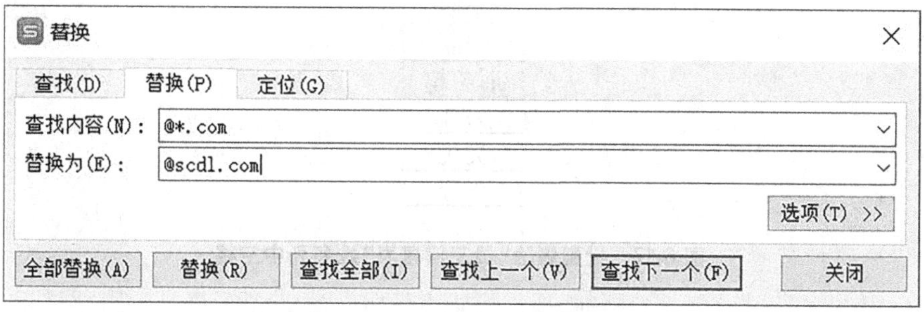

图 6-14　"替换"窗口中使用通配符

通配符不仅仅在查找和替换时可以使用,在筛选、函数公式等功能中,也同样管用。常用的通配符有:

问号(?):代表任何一个字符;

星号(*):代表任意数量的任意字符;

波形符(~):由于英文的? 和 * 已经作为通配符代码,当要匹配内容中存在这两个符号时,前面要先输入波形符。

6.2.4　批量删除空格与多余字符

在使用公式核对数据时,经常会发现,明明看起来一模一样的数据,就是无法匹配。通常是因为其中一个数据中有看不见的字符存在,比如空格等。

如图 6-15 所示的员工信息表中姓名列含有空格,如何利用替换法将表格中的所有空格全部清除?

在"查找内容"一栏中输入一个空格,"替换为"一栏留空,然后全部替换,如图 6-16 所示,删除空格后的姓名列如图 6-17 所示。

其他任何数字、符号、文字都可以按照此方法批量删除。如果再结合通配符的用法,就更加灵活了。

姓名
李思奇
李 明
张 丽
邢超超
宋 佳
吴 凡
李 毅

图 6-15　"员工信息表"
姓名列含有空格

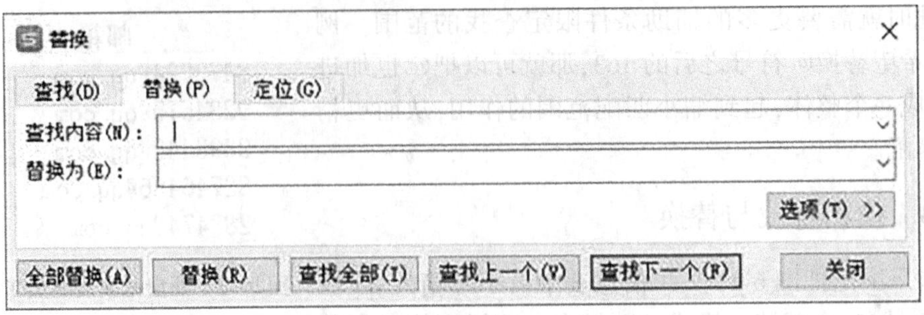

图 6-16 "替换"窗口批量删除空格

姓名
李思奇
李明
张丽
邢超超
宋佳
吴凡
李毅

图 6-17 批量删除"员工信息表"姓名列中空格

6.3 众里寻它:定位的技巧

在 WPS 表格中,通过"定位条件"功能可以帮助我们快速定位到数据表格中的批注、常量、公式、空值、对象,还可以定位到行、列内容差异单元格、可见单元格等,大大提高工作效率。

【例 6-2】 请比较如图 6-18 所示的产品销售业绩表 5 月和 6 月销售业绩数据的差异。

	A	B	C	D	E	F	G	H	I	J	K	L
1	姓名	性别	政治面貌	年龄	部门	1月	2月	3月	4月	5月	6月	总计
2	李思奇	男	群众	23	市场部	76	76	90	87	85	85	499
3	李明	男	团员	28	市场部	79	79	96	85	88	70	497
4	张丽	女	团员	38	市场部	72	71	69	94	93	90	489
5	邢超超	男	党员	46	市场部	59	67	56	58	91	91	422
6	宋佳	女	团员	33	市场部	100	90	89	90	67	66	502
7	吴凡	男	党员	35	市场部	99	58	91	98	71	65	482
8	李毅	男	团员	39	市场部	67	59	60	109	79	77	451

图 6-18 "销售业绩表"数据清单

(1)选中 J2:K8 单元格区域。

(2)在 WPS 表格功能区单击【开始】选项卡,单击【查找】下拉按钮,在其扩展菜单中选择【定位】命令,或直接按下【Ctrl】+【G】组合键,弹出"定位"对话框,如图 6-19 所示。

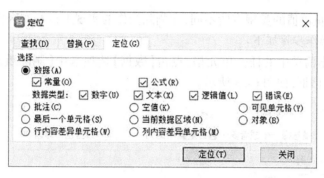

图 6-19 "定位"对话框

（3）在"定位"对话框中,选择"行内容差异单元格"单选按钮,然后点击【确定】,定位到差异数据,如图 6-20 所示。

	A	B	C	D	E	F	G	H	I	J	K	L
1	姓名	性别	政治面貌	年龄	部门	1月	2月	3月	4月	5月	6月	总计
2	李思奇	男	群众	23	市场部	76	76	90	87	85	85	499
3	李明	男	团员	28	市场部	79	79	96	85	88	70	497
4	张丽	女	团员	38	市场部	72	71	69	94	93	90	489
5	邢超超	男	党员	46	市场部	59	67	56	58	91	91	422
6	宋佳	女	团员	33	市场部	100	90	89	90	67	66	502
7	吴凡	男	党员	35	市场部	99	58	91	98	71	65	482
8	李毅	男	团员	39	市场部	67	59	60	109	79	77	451

图 6-20 使用"定位条件"比较数据差异

6.4 真假美猴王:删除重复项

在对数据清单进行整理时,有时需要剔除其中一些重复值。所谓的重复值,通常是指在数据清单中某些记录在各个字段中都有相同的内容,例如图 6-21 中的第 3 行数据记录和第 5 行数据记录就是完全相同的两条记录。

在另外一些场景下,用户也许会希望找出并剔除某几个字段相同的但并不完全重复的"重复值",例如图 6-22 中的第 7 行记录和第 11 行记录中的"姓名"字段内容相同,但其他字段的内容则不同。

	A	B	C
1	姓名	年龄	部门
2	李思奇	23	市场部
3	李明	28	研发部
4	张丽	38	采购部
5	李明	28	研发部
6	宋佳	33	市场部
7	吴凡	35	市场部
8	李毅	39	财务部
9	邢超超	46	研发部
10	严天同	39	研发部
11	吴凡	27	研发部

图 6-21 数据清单中完全相同的两条记录

	A	B	C
1	姓名	年龄	部门
2	李思奇	23	市场部
3	李明	28	研发部
4	张丽	38	采购部
5	李明	28	研发部
6	宋佳	33	市场部
7	吴凡	35	市场部
8	李毅	39	财务部
9	邢超超	46	研发部
10	严天同	39	研发部
11	吴凡	27	研发部

图 6-22 数据清单中部分相同的两条记录

以上这两种重复值的类型有所不同,在删除操作的实现上也略有区别,但本质上并无太大差别,具体操作步骤如下:

(1)单击数据清单中的任一单元格,点击【数据】选项卡中【删除重复项】按钮,弹出"删除重复项"对话框,如图 6-23 所示。

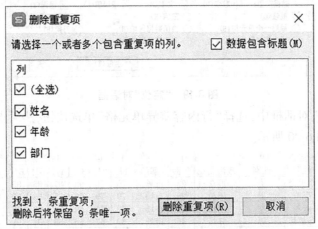

图 6-23 "删除重复项"对话框

(2)在"删除重复项"对话框中选择重复数据所在的列(字段)。如果将"重复项"定义为所有字段的内容都完全相同的记录,则点击【全选】按钮或勾选所有列。如果只把某列相同的记录定义为重复项,如上述第二种场景,则只需勾选"姓名"列即可。

(3)单击【确定】按钮,自动得到删除重复项之后的数据清单,剔除的空白行会自动由下方的数据行填补,但不会影响数据表以外的其他区域,如图 6-24 和图 6-25 所示。

	A	B	C
1	姓名	年龄	部门
2	李思奇	23	市场部
3	李明	28	研发部
4	张丽	38	采购部
5	宋佳	33	市场部
6	吴凡	35	市场部
7	李毅	39	财务部
8	邢超超	46	研发部
9	严天同	39	研发部
10	吴凡	27	研发部

图 6-24 删除完全相同的记录后的数据清单

	A	B	C
1	姓名	年龄	部门
2	李思奇	23	市场部
3	李明	28	研发部
4	张丽	38	采购部
5	宋佳	33	市场部
6	吴凡	35	市场部
7	李毅	39	财务部
8	邢超超	46	研发部
9	严天同	39	研发部

图 6-25 删除部分相同的记录后的数据清单

6.5 各取所需:选择性粘贴

在 WPS 表格中,复制对象以后,展开粘贴菜单,里边还有更多的粘贴选项。可以根据选择的类型,以特定的形式粘贴内容,如图 6-26 所示。

"选择性粘贴"在整理数据时常用到的技能还有转置和运算 2 种。

图 6-26　粘贴选项

6.5.1　转置——行列互换

我们在 WPS 表格中记录信息时,更习惯于一行一条记录,第一行作为数据列的标题。这样存储数据,既方便从上往下翻看数据,也便于统计分析。

但是,有时候我们可能会碰到一些行列颠倒的表格,数据记录的标题放在第一列,并且一列一条信息记录地存放数据。数据量少还好,如果还要继续输入 100 列、1 000 列,甚至 10 000 列呢?那就得一直在表格的右边继续记录,这会给浏览和处理数据都造成相当大的麻烦。

对于如图 6-27 所示的表格要怎么处理呢?很简单,只需一次复制粘贴就够了。具体操作步骤如下:

▲	A	B	C	D	E	F
1	主机	电脑1	电脑2	电脑3	电脑4	电脑5
2	内存	8192	16384	16384	8192	16384
3	CPU	8	16	4	8	4
4	数据盘	1000	900	1000	450	1000
5	系统盘	20	20	40	20	40

图 6-27　行列倒置的表格

(1)复制 A1:F5 区域;

(2)右键单击 A8 单元格;

(3)从粘贴选项中选择【转置】,转置后的表格如图 6-28 所示。

▲	A	B	C	D	E	F
1	主机	电脑1	电脑2	电脑3	电脑4	电脑5
2	内存	8192	16384	16384	8192	16384
3	CPU	8	16	4	8	4
4	数据盘	1000	900	1000	450	1000
5	系统盘	20	20	40	20	40
6						
7						
8	主机	内存	CPU	数据盘	系统盘	
9	电脑1	8192	8	1000	20	
10	电脑2	16384	16	900	20	
11	电脑3	16384	4	1000	40	
12	电脑4	8192	8	450	20	
13	电脑5	16384	4	1000	40	

图 6-28　转置后的表格

6.5.2 运算——批量加减乘除

如图 6-29 所示是一份补贴发放表格,老板忽然发话,每个人的补贴金额都增加 200。用选择性粘贴也能办到,具体操作步骤如下:

	A	B	C	D	E	F
1	姓名	性别	政治面貌	年龄	部门	补贴
2	李思奇	男	群众	23	市场部	10
3	李明	男	团员	28	市场部	20
4	张丽	女	团员	38	市场部	30
5	邢超超	男	党员	46	市场部	10
6	宋佳	女	团员	33	市场部	20
7	吴凡	男	党员	35	市场部	10
8	李毅	男	团员	39	市场部	20

图 6-29 补贴发放表格

(1)在旁边空白位置,例如 H2,输入一个数值 200(也可以输入一个公式=200)。
(2)选中 H2 并复制(按【Ctrl】+【C】组合键)。
(3)选中粘贴的目标区域 F2:F8。
(4)单击粘贴选项中的【选择性粘贴】,打开更多粘贴选项。
(5)选择运算类的"加",如图 6-30 所示。

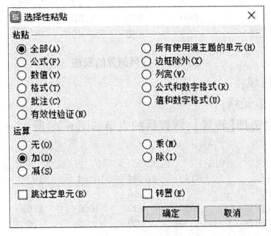

图 6-30 "选择性粘贴"对话框选择"加"

(6)点击【确定】,批量"加"后的补贴发放表格如图 6-31 所示。
批量加减乘除操作方法一样,选择不同的粘贴选项即可。

✎ 6.6 万物皆有序:排序

数据清单是指包含一组相关数据的一系列工作表数据行。WPS 表格允许采用数据库管理的方式管理数据清单。数据清单由标题行(表头)和数据部分组成。数据清单中的行相当于数据库中的记录,行标题相当于记录名;数据清单中的列相当于数据库中的字

	A	B	C	D	E	F	G	H
1	姓名	性别	政治面貌	年龄	部门	补贴		
2	李思奇	男	群众	23	市场部	210		200
3	李明	男	团员	28	市场部	220		
4	张丽	女	团员	38	市场部	230		
5	邢超超	男	党员	46	市场部	210		
6	宋佳	女	团员	33	市场部	220		
7	吴凡	男	党员	35	市场部	210		
8	李毅	男	团员	39	市场部	220		

图 6-31　批量"加"后的补贴发放表格

段,列标题相当于字段名,如图 6-18 所示。

数据排序是按照一定的规则对数据进行重新排序,便于浏览或为进一步处理做准备(如分类汇总)。WPS 表格提供了多种方法对数据清单进行排序,用户可以根据需要按行或列排序、按升序或降序排序,也可以进行自定义排序。WPS 表格的"排序"对话框可以指定排序条件,还可以按单元格颜色及字体颜色进行排序,甚至还可以按单元格图标进行排序。

6.6.1　简单排序

在实际应用中,常常需要将数据按某一列字段进行排序。例如,要对图 6-18 所示的销售业绩表按"总计"降序排序,这种按单列数据进行的排序称为简单数据排序,具体操作方法如下:

(1)选中工作表中要排序字段所在列的任一单元格。

(2)在功能区单击【开始】选项卡,在【排序】下拉菜单中单击【降序】按钮或者在功能区单击【数据】选项卡,单击 ⬛ 图标(【降序】按钮)。这样,工作表中的数据就会按要求重新排序,如图 6-32 所示。

	A	B	C	D	E	F	G	H	I	J	K	L
1	姓名	性别	政治面貌	年龄	部门	1月	2月	3月	4月	5月	6月	总计
2	宋佳	女	团员	33	市场部	100	90	89	90	67	66	502
3	李思奇	男	群众	23	市场部	76	76	90	87	85	85	499
4	李明	男	团员	28	市场部	79	79	96	85	88	70	497
5	张丽	女	团员	38	市场部	72	71	69	94	93	90	489
6	吴凡	男	党员	35	市场部	99	58	91	98	71	65	482
7	李毅	男	团员	39	市场部	67	59	60	109	79	77	451
8	邢超超	男	党员	46	市场部	59	67	56	58	91	91	422

图 6-32　按"总计"降序排序后的数据清单

6.6.2　按多个关键字排序

在实际应用中,往往会出现按多列排序的情况。若排序不局限于单列,而是对两列以上的数据排序,则必须使用【排序】按钮。例如,对图 6-32 所示的销售业绩表按"总计"降序排序后,再按照"年龄"降序排序,具体操作步骤如下:

(1)选中数据清单中的任一单元格。

（2）在功能区单击【开始】选项卡，在【排序】下拉菜单中单击【自定义排序】按钮或者在功能区单击【数据】选项卡，单击【排序】按钮，此时弹出"排序"对话框，如图6-33所示。

图6-33　"排序"对话框

（3）在"排序"对话框中选择"主要关键字"为"总计"，排序依据为"数值"，次序为"降序"。

（4）将"次要关键字"设置为"年龄"，排序依据为"数值"，次序为"降序"，如图6-34所示。

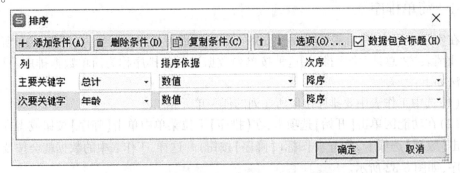

图6-34　利用"排序"对话框设置多关键字排序

（5）为避免字段名也成为排序对象，可选中"数据包含标题"复选框，再单击【确定】按钮即可完成多关键字的排序设置，排序结果如图6-32所示。

若需要多个排序条件，则需要多次单击【添加条件】按钮，添加足够的排序关键字，然后根据需要进行设置。

WPS表格允许对全部数据区域或部分数据区域进行排序。如果选定的数据区域包含所有的列，则对所有数据区域进行排序；如果所选的数据区域没有包含所有的列，则仅对已选定的数据区域排序，未选定的数据区域不变（此种情况有可能引起数据错误）。

✎ 6.7　大珠小珠落玉盘：筛选

当数据列表中记录非常多，而用户仅对其中一部分数据感兴趣时，需要只显示感兴趣的数据，将不感兴趣的数据暂时隐藏起来，这时可以使用WPS表格的数据筛选功能。

6.7.1   筛选

如图 6-18 所示,如果只想看男职员的销售业绩,则需要把相关数据筛选出来,单独查看,操作步骤如下:

(1)选中数据清单中的任一单元格。

(2)在功能区单击【开始】选项卡,单击【筛选】按钮(或在【筛选】下拉菜单中单击【筛选】按钮)或者单击【数据】选项卡,单击【自动筛选】按钮。

(3)数据列表中所有字段的标题单元格将出现向下的筛选箭头,如图 6-35 所示。

	A	B	C	D	E	F	G	H	I	J	K	L
1	姓名	性别	政治面貌	年龄	部门	1月	2月	3月	4月	5月	6月	总计
2	李思奇	男	群众	23	市场部	76	76	90	87	85	85	499
3	李明	男	团员	28	市场部	79	79	96	85	88	70	497
4	张丽	女	团员	38	市场部	72	71	69	94	93	90	489
5	邢超超	男	党员	46	市场部	59	67	56	58	91	91	422
6	宋佳	女	团员	33	市场部	100	90	89	90	67	66	502
7	吴凡	男	党员	35	市场部	99	58	91	98	71	65	482
8	李毅	男	团员	39	市场部	67	59	60	109	95	77	451

图 6-35   对普通数据清单启用筛选

(4)数据清单进入筛选状态后,单击每个字段的标题单元格中的下拉箭头,将弹出下拉菜单,在下拉菜单的列表框中罗列了当前字段中的每一个取值(重复取值只显示一次),每个数值前都有一个复选框,默认均为勾选,筛选时将不需要显示的数值前的复选框中的勾去掉即可。同时菜单上还提供了【排序】和【筛选】的详细选项,对于数据量大的筛选,可以使用筛选选项中的命令来完成。不同数据类型的字段所能使用的筛选选项也不同。图 6-36 所示为文本型数据的筛选选项,图 6-37 所示为数字型数据的筛选选项。

图 6-36   文本型数据的筛选选项   **图 6-37   数字型数据的筛选选项**

完成筛选后,被筛选字段的筛选箭头变为筛选器,同时数据清单中的行号颜色也会改变。

用户可以对数据清单中的任意多列同时指定"筛选"条件。也就是说,先以数据清单中某一列为条件进行筛选,然后在筛选出的记录中以另一列为条件进行筛选,依次类推。在对多列同时应用筛选时,筛选条件之间是"与"的关系。

如果要取消对指定列的筛选,可以单击该列的下拉按钮,在弹出的下拉列表框中勾选"(全选|反选)"前的复选框即可。

如果要取消数据清单中的所有筛选,则可以在功能区的【开始】选项卡中的【筛选】下拉菜单中单击【全部显示】按钮或者在【数据】选项卡中单击【全部显示】按钮,即可取消数据清单中的所有筛选。

如果要取消所有【筛选】下拉按钮,则可以再次在功能区的【开始】选项卡中单击【筛选】按钮或者在【数据】选项卡中单击【自动筛选】按钮。

6.7.2　高级筛选

高级筛选不仅包含了筛选的所有功能,还可以设置更多更复杂的筛选条件。

高级筛选要求在一个工作表区域内单独指定筛选条件,并与数据清单的数据分开,通常将这些条件区域放置在数据清单的上面或下面。

一个高级筛选的条件区域至少包含两行,第一行是列标题,必须和数据清单中的标题一致,第二行必须由筛选条件值构成。"与"关系的条件必须出现在同一行内,"或"关系的条件不能出现在同一行。

【例6-3】　以如图6-18所示的数据清单为例,运用高级筛选功能将"性别"为"男"并且"政治面貌"为"党员"的人员筛选出来。具体操作步骤如下:

(1)在数据清单的下方空白区域建立一个条件区域,写入用于描述条件的文本和表达式。

(2)单击数据清单中的任一单元格,点击【开始】选项卡中【筛选】下拉菜单中【高级筛选】按钮,弹出如图6-38所示的"高级筛选"对话框,在"方式"区域中选择"将筛选结果复制到其他位置"单选项(若要通过隐藏不符合条件的行来筛选区域,请选择"在原有区域显示筛选结果",系统会在原有区域显示符合条件的记录);在"列表区域"中进行单元格区域选取;在"条件区域"中选取输入的筛选条件单元格区域;在"复制到"区域中设置显示筛选结果的单元格区域。

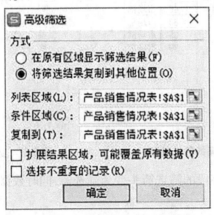

图6-38　"高级筛选"对话框

(3)点击【确定】按钮,系统会自动将符合条件的记录筛选出来并复制到指定的单元格区域,如图 6-39 所示。

	A	B	C	D	E	F	G	H	I	J	K	L
1	姓名	性别	政治面貌	年龄	部门	1月	2月	3月	4月	5月	6月	总计
2	李思奇	男	群众	23	市场部	76	76	90	87	85	85	499
3	李明	男	团员	28	市场部	79	79	96	85	88	70	497
4	张丽	女	团员	38	市场部	72	71	69	94	93	90	489
5	邢超超	男	党员	46	市场部	59	67	56	58	91	91	422
6	宋佳	女	团员	33	市场部	100	90	89	90	67	66	502
7	吴凡	男	党员	35	市场部	99	58	91	98	71	65	482
8	李毅	男	团员	39	市场部	67	59	60	109	79	77	451
9												
10	性别	政治面貌										
11	男	党员										
12												
13	姓名	性别	政治面貌	年龄	部门	1月	2月	3月	4月	5月	6月	总计
14	邢超超	男	党员	46	市场部	59	67	56	58	91	91	422
15	吴凡	男	党员	35	市场部	99	58	91	98	71	65	482
16												

图 6-39　按"关系与"条件筛选的数据

【例 6-4】　以如图 6-18 所示的数据清单为例,运用高级筛选功能将"性别"为"男"或"政治面貌"为"党员"的人员筛选出来。

高级筛选操作步骤与上例类似,只需将筛选条件放在不同行即可,筛选结果如图 6-40所示。

	A	B	C	D	E	F	G	H	I	J	K	L
1	姓名	性别	政治面貌	年龄	部门	1月	2月	3月	4月	5月	6月	总计
2	李思奇	男	群众	23	市场部	76	76	90	87	85	85	499
3	李明	男	团员	28	市场部	79	79	96	85	88	70	497
4	张丽	女	团员	38	市场部	72	71	69	94	93	90	489
5	邢超超	男	党员	46	市场部	59	67	56	58	91	91	422
6	宋佳	女	团员	33	市场部	100	90	89	90	67	66	502
7	吴凡	男	党员	35	市场部	99	58	91	98	71	65	482
8	李毅	男	团员	39	市场部	67	59	60	109	79	77	451
9												
10	性别	政治面貌										
11	男											
12		党员										
13												
14	姓名	性别	政治面貌	年龄	部门	1月	2月	3月	4月	5月	6月	总计
15	李思奇	男	群众	23	市场部	76	76	90	87	85	85	499
16	李明	男	团员	28	市场部	79	79	96	85	88	70	497
17	邢超超	男	党员	46	市场部	59	67	56	58	91	91	422
18	吴凡	男	党员	35	市场部	99	58	91	98	71	65	482
19	李毅	男	团员	39	市场部	67	59	60	109	79	77	451

图 6-40　按"关系或"条件筛选的数据

第7章 WPS表格公式使用篇

WPS表格不光可以对数据进行录入,更主要的功能是对录入的数据进行分析计算和解决问题,通过录入公式,再使用WPS表格内置的各种功能函数,即可帮助使用者轻松完成计算、统计和判断等工作。

7.1 WPS表格太极功法:函数公式

7.1.1 公式简介

WPS表格中要录入公式,首先必须输入"=",如果不输入等于号,直接输入算式或其他内容,WPS表格将把输入内容视作文本对待,输入格式也按照默认格式处理。

公式标准格式为:=函数名(函数运算的参数),如图7-1所示。

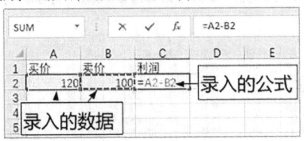

图7-1 公式录入

在公式中,必须使用英文标点符号,单元格属性不能为文本格式,对于需要直接显示的文本,需要使用英文的双引号将文本括起来。

在输入完公式后按回车键即可完成数据运算。计算结果将显示在包含公式的单元格中。要查看某单元格的公式,点击该单元格,该单元格的公式会出现在编辑栏中,如图7-2所示。

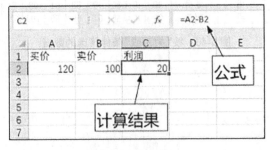

图7-2 公式显示

公式一般由函数、引用、运算符和常量中的几种或其中之一构成,如图7-3所示。

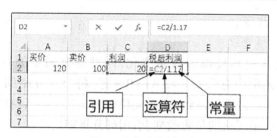

图 7-3　公式的构成

7.1.2　引用

　　WPS 表格中引用是用于获取某单元格或某单元格区域的值,并告知 WPS 表格在何处查找要在公式中使用的值或数据。引用可以引用同一工作表中单元格的值,也可以引用同一工作簿其他工作表里单元格的值,还可以跨工作簿引用。

　　如何对单元格或单元格区域进行引用呢? 引用方法见表 7-1。

表 7-1　引用方法

需引用的单元格或单元格区域	引用的表示方法
列 A 和行 1 交叉处的单元格	A1
列 A 和行 1 到行 15 之间的单元格区域	A1:A15
行 10 和列 C 到列 G 之间的单元格区域	C10:G10
行 6 中的全部单元格	6:6
行 1 到行 10 之间的全部单元格	1:10
列 G 中的全部单元格	G:G
列 A 到列 E 之间的全部单元格	A:E
列 A 到列 E 和行 8 到行 15 之间的单元格区域	A8:E15

　　WPS 表格中常见的引用有相对引用、绝对引用和混合引用三种。这三种引用是指公式中使用单元格或单元格区域的地址,将公式进行复制后,粘贴到另外的单元格中,地址如何发生变化。

7.1.2.1　相对引用

　　相对引用,复制公式时地址跟着发生变化,如:C1 单元格中有公式“= A1+B1”,将公式复制到 C2 单元格中时公式自动变为“=A2+B2”,将公式复制到 D1 单元格时公式自动变为“=B1+C1”。由此可见,相对引用时如果公式所在单元格的位置改变,引用也随之改变。

7.1.2.2　绝对引用

　　绝对引用,复制公式时地址不会跟着发生变化。绝对引用会使用到符号“$”,对于需要固定的行号和列号,只需要在其前加上符号“$”即可,如:C1 单元格中有公式“=＄A＄1+＄B＄1”,将公式复制到 C2 单元格中时公式为“=＄A＄1+＄B＄1”,同样将公式复制到 D1 单元格时公式仍为“=＄A＄1+＄B＄1”。由此可见,绝对引用时如果公式所在单元格的位置改变,引用不会随之改变。

7.1.2.3 混合引用

混合引用复制公式时地址部分发生变化,同理需要固定的行号或列号前加上符号"\$"即可,如:C1单元格中有公式"=\$A1+B\$1",将公式复制到C2单元格中时公式为"=\$A2+B\$1",同样将公式复制到D1单元格时公式为"=\$A1+C\$1"。由此可见,混合引用时如果公式所在单元格的位置改变,引用部分将随之改变。

随着公式的位置变化,所引用单元格位置也是在变化的,是相对引用,而随着公式位置的变化,所引用单元格位置不变化的就是绝对引用。按【F4】键可快速地在引用类型之间切换。

7.1.3 函数

函数是WPS表格中最为重要的功能,利用函数可以完成各种复杂数据的处理工作,每个函数都有自己唯一的名称和能够实现的特定功能。函数是一些预定义的公式,通过输入参数进行计算。熟练使用函数处理电子表格中的数据,可以有效地提高工作效率。

7.1.3.1 函数的格式

在公式中使用函数时,通常由表示公式开始的"="号、函数名称、左括号、用英文状态下的逗号间隔的参数和右括号构成。此外,公式中允许使用多个函数或计算式,通过运算符进行连接。

函数一般形式为:=函数名(参数1,参数2……)

有的函数可以允许多个参数,有一些函数没有参数或可以不需要参数。对于不需要参数的函数,函数名后面的括号也不能省略。函数的参数可以由数值、日期和文本等元素组成,也可以使用常量、数组、单元格引用或其他函数。当使用函数作为另一个函数的参数时,称为函数的嵌套。

7.1.3.2 函数的输入

WPS表格的函数库中提供了多种函数,WPS表格按类别可以将函数分为财务函数、日期和时间函数、数学和三角函数、统计函数、查找与引用函数、数据库函数、文本函数、逻辑函数、信息函数、工程函数。本章7.2~7.7节内容将对日常办公中常用到的几类函数进行介绍。如何在WPS表格中正确输入函数呢,有以下几种输入方式。

1.使用"自动求和"按钮插入函数

(1)选中需要插入函数的单元格,在WPS表格功能区【开始】选项卡中单击【Σ求和】,在下拉菜单中选择需要插入的函数。

(2)在WPS表格功能区【公式】选项卡中单击【Σ自动求和】的下拉按钮。

以上两种方式都会弹出一个下拉菜单,其中包括求和、平均值、计数、最大值、最小值和其他函数6个选项。点击【其他函数】按钮将会弹出"插入函数"对话框,点击其他5个按钮时,WPS表格将根据所选取单元格区域和数据情况,自动选择公式统计的单元格范围,以实现快捷输入。

2.使用函数库中已知类别的函数

在WPS表格功能区【公式】中选择已知类别的函数进行插入。WPS表格按类别可以将函数分为财务函数、日期和时间函数、数学和三角函数、查找与引用函数、文本函数、逻辑函数,在"其他函数"中提供了统计函数、工程函数、信息函数等扩展菜单,如图 7-4 所示。

图 7-4 函数选择区

3. 使用"插入函数"向导搜索函数

如果对函数所属的类别不是很熟悉,可以使用"插入函数"向导选择或搜索所需函数。以下两种方式均可以打开"插入函数"对话框。

(1)在 WPS 表格功能区【公式】选项卡中点击【插入函数】按钮。

(2)在 WPS 表格功能区【公式】选项卡中各类别函数下拉菜单中单击【插入函数】按钮,或在【自动求和】下拉菜单中单击【其他函数】按钮。

"插入函数"对话框如图 7-5 所示,在"插入函数"对话框中的"查找函数"编辑框中输入需要查找函数的名称或函数功能的简要描述,例如输入"求和",对话框中将显示"推荐"的函数列表,选择具体函数后,单击【确定】按钮,即可插入该函数并切换到"函数参数"对话框。

图 7-5 "插入函数"对话框

4.使用公式"记忆式键人"手工输入函数

WPS 表格含有"公式记忆式键人"功能,可以在用户输入公式时出现备选的函数列表,帮助使用者自动完成公式输入。如果使用者知道所需函数的全部或开头部分字母的正确拼写方法,则可以直接在单元格或编辑栏中手工输入函数。

7.1.4 运算符

运算符是构成公式的基本元素之一,运算符在公式中用于连接所要计算的参数,是工作表中处理数据的执行指令。运算符的类型有算术运算符、逻辑运算符、文本运算符等,如表7-2所示。

表7-2 运算符

运算符	说明	实例
－	算术运算符:负号	$=-5*2=-10$
％	算术运算符:百分号	$=100*3\%=3$
^	算术运算符:乘幂	$=2^2=4$
*和/	算术运算符:乘和除	$=2*6/3=4$
+和－	算术运算符:加和减	$=3+4-5=2$
=,<>,>,>=,<,<=	逻辑运算符:等于、不等于、大于、大于或等于、小于、小于或等于	$=1=2$,返回 FALSE $=1<>2$,返回 TRUE $=1<=2$,返回 TRUE
&	文本运算符:连接文本	="WPS"&"办公软件"返回"WPS办公软件"

在公式的使用中要注意不同运算符的优先级是不同的,对于不同优先级的运算,是按照从高到低的顺序进行计算的,对于相同优先级的运算,是按照从左到右的顺序进行计算的。各运算符的优先顺序如表7-3所示。

表7-3 运算符的优先顺序

优先级	运算符	说明
1	－	算术运算符:负号(取得与原值正负号相反的值)
2	％	算术运算符:百分号
3	^	算术运算符:乘幂
4	*和/	算术运算符:乘和除
5	+和－	算术运算符:加和减
6	&	文本运算符:连接文本
7	=,<>,>,>=,<,<=	逻辑运算符:比较两个值

在公式中可以使用括号来改变公式计算的优先顺序,也可以使用多组括号进行嵌套,但在 WPS 表格公式中使用的括号只能是英文半角小括号,其计算顺序由最内层的括号逐级向外进行计算。

7.2　机智的逻辑判断函数

逻辑判断函数用来判断是否满足某个条件,并进行真假值判断,常见的逻辑判断函数有 IF、AND 和 OR 函数。

7.2.1　条件判断函数 IF( )

IF( )函数可执行真假值判断,判断一个条件是否满足,如果满足返回一个值,如果不满足则返回另外一个值。该函数既可以进行数据判断,也可以进行数据分层。

IF( )函数语法是:=IF(logical_test,value_if_true,[value_if_false])。

IF( )函数的参数如下:

第一个参数:logical_test 指进行 if 判断的逻辑条件,比如>80,<=60 等判断条件。

第二个参数:value_if_true 指满足 logical_test 所限定的条件时返回的值。

第三个参数:value_if_false 指不满足 logical_test 所限定的条件时返回的值。

IF( )函数可以嵌套七层,用 value_if_true 和 value_if_false 参数可以构造复杂的检测条件。

【例 7-1】　在如图 7-6 所示的成绩表等级列中使用 IF( )函数为各成绩指定一个成绩等级。

	A	B	C
1	姓名	成绩	等级
2	陈铭	78	中
3	李莉莉	90	优
4	闫丹	64	及格
5	王文伟	58	不及格
6	张伟	83	良

图 7-6　IF 函数使用示例

在单元格 C2 中输入的条件公式为=IF(B2>=90,"优",IF(B2>=80,"良",IF(B2>=70,"中",IF(B2>=60,"及格","不及格"))))),之后使用表格填充功能将 C3 至 C6 单元格进行填充即可。

【提示】　在录入嵌套函数时一定注意括号( )必须一一对应。

7.2.2　AND( )函数

在 AND( )函数中,若所有参数的逻辑值为真,返回 TRUE;若有一个参数的逻辑值为假,则返回 FALSE。

AND( )函数的语法是:=AND(logical1,[logical2],…)。参数说明如下:

各参数必须是逻辑值 TRUE 或 FALSE,或者包含逻辑值的数组或引用。

如果数组或引用参数中包含文本或空白单元格,则这些值将被忽略。

如果指定的单元格区域内包括非逻辑值,则 AND( )将返回错误值 #VALUE!。

7.2.3　OR( )函数

在 OR( )函数的参数组中,任何一个参数逻辑值为 TRUE,即返回 TRUE;所有参数的逻辑值为 FALSE,才返回 FALSE。

OR( )函数的语法是=OR(logical1,[logical2],…)。参数说明同 AND( )函数。

7.3　谁动了我的奶酪:细心的查找匹配家族

查找与引用函数用来查找列表或表格中的指定值,如 VLOOKUP、MATCH、INDEX 等,下面对几种常见的查找与引用函数进行介绍。

7.3.1　VLOOKUP( )函数

VLOOKUP( )函数可以在表格或数值数组的首列查找指定的数值,并由此返回表格或数组当前行中指定列处的数值。

VLOOKUP( )函数语法是:= VLOOKUP(lookup_value,table_array,col_index_num,[range_lookup])。

VLOOKUP( )函数的参数如下:

第一个参数:lookup_value 为需要在数组第一列中查找的数值。lookup_value 可以为数值、引用或文本字符串。

第二个参数:table_array 为需要在其中查找数据的数据表。可以使用对区域或区域名称的引用,例如数据库或数据清单。

第三个参数:col_index_num 为 table_array 中待返回的匹配值的列序号。

对 col_index_num 值的说明如下:

(1)col_index_num 为 1 时,返回 table_array 第一列中的数;col_index_num 为 2 时,返回 table_array 第二列中的数值,以此类推。

(2)col_index_num 小于 1,函数 VLOOKUP( )返回错误值 #VALUE!。

(3)col_index_num 大于 table_array 的列数,函数 VLOOKUP( )返回错误值#REF!。

第四个参数:range_lookup 为一逻辑值,指明函数 VLOOKUP( )返回时是精确匹配还是近似匹配。如果为 TRUE 或省略,则返回近似匹配值,也就是说,如果找不到精确匹配值,则返回小于 lookup_value 的最大数值;如果 range_lookup 为 FALSE,函数 VLOOKUP( )将返回精确匹配值;如果找不到,则返回错误值 #N/A。

【例 7-2】　使用 VLOOKUP( )函数对示例图 7-7 中表格数据进行查找匹配。

(1)公式=VLOOKUP(1,A2:C11,2),在 A 列中查找 1,并从相同行 B 列中返回值,结果为 150。

(2)公式=VLOOKUP(0.9,A2:C11,3,FALSE),在 A 列中精准查找 0.9,因在 A 列中

	A	B	C	D	E
1	密度	温度	黏度	公式	结果
2	0.421	500	3.56	=VLOOKUP(1,A2:C11,2)	150
3	0.533	400	3.24	=VLOOKUP(0.9,A2:C11,3,FALSE)	#N/A
4	0.589	350	2.86	=VLOOKUP(0.1,A2:C11,2,TRUE)	#N/A
5	0.612	300	2.55	=VLOOKUP(2,A2:C11,2,TRUE)	0
6	0.789	250	2.12		
7	0.856	200	2.01		
8	0.967	150	1.92		
9	1.08	100	1.72		
10	1.59	50	1.56		
11	1.89	0	1.23		

图 7-7　VLOOKUP( )函数使用示例

没有精确地匹配,所以返回一个错误值#N/A。

(3)公式=VLOOKUP(0.1,A2:C11,2,TRUE),在 A 列中查找 0.1,因为 0.1 小于 A 列中的最小值,所以返回一个错误值#N/A。

(4)公式=VLOOKUP(2,A2:C11,2,TRUE),在 A 列中查找 2,并从相同行 B 列中返回值,结果为 0。

【总结】　如果函数 VLOOKUP( )找不到 lookup_value,且 range_lookup 为 TRUE,则使用小于等于 lookup_value 的最大值;如果 lookup_value 小于 table_array 第一列中的最小数值,函数 VLOOKUP( )返回错误值#N/A;如果函数 VLOOKUP( )找不到 lookup_value 且 range_lookup 为 FALSE,函数 VLOOKUP( )返回错误值#N/A 。

7.3.2　MATCH( )函数

MATCH( )函数可以返回在指定方式下与指定数组匹配的数组中元素的相应位置。如果需要找出匹配元素的位置而不是匹配元素本身,则应该使用 MATCH( )函数而不是 LOOKUP( )函数。

MATCH( )函数语法是:=MATCH(lookup_value,lookup_array,match_type)。

MATCH( )函数的参数如下:

第一个参数:lookup_value 为需要在数据表中查找的数值。lookup_value 可以为数值(数字、文本或逻辑值)或对数字、文本或逻辑值的单元格引用。

第二个参数:lookup_array 是可能包含所要查找的数值的连续单元格区域。lookup_array 应为数组或数组引用。

第三个参数:match_type 为数字-1、0 或 1。match_type 指明 WPS 表格如何在 lookup_array 中查找 lookup_value。参数 match_type 的值说明如下:

(1)如果 match_type 为1,函数 MATCH( )查找小于或等于 lookup_value 的最大数值。lookup_array 必须按升序排列。

(2)如果 match_type 为0,函数 MATCH( )查找等于 lookup_value 的第一个数值。lookup_array 可以按任何顺序排列。

(3)如果 match_type 为-1,函数 MATCH( )查找大于或等于 lookup_value 的最小数值。lookup_array 必须按降序排列。

(4)如果省略 match_type,则假设为1。

【例 7-3】 使用 MATCH( )函数进行数据匹配,如图 7-8 所示。

	A	B	C	D
1	类别	数量	公式	结果
2	苹果	26	=MATCH(40,B2:B6,1)	3
3	香蕉	30	=MATCH(45,B2:B6,0)	4
4	梨	38	=MATCH(54,B2:B6,-1)	#N/A
5	橙子	45		
6	桃子	54		

图 7-8　MATCH( )函数使用示例

(1)C2 单元格 =MATCH(40,B2:B6,1),此处第三个参数 match_type 为 1,查找的数据区域 B2:B6 为升序排列,由于无正确的匹配,所以返回区域中最接近下一个值(38)的位置,结果为 3。

(2)C2 单元格 =MATCH(45,B2:B6,0),此处第三个参数 match_type 为 0,在数据区域 B2:B6 中查找等于 45 的第一个值,结果为 4。

(3)C2 单元格 =MATCH(54,B2:B6,-1),此处第三个参数 match_type 为-1,由于数据区域 B2:B6 不是降序排列,所以返回错误值#N/A。

7.3.3　INDEX( )函数

INDEX( )函数可以返回表或区域中的值或值的引用。函数 INDEX( )有两种形式:数组和引用。数组形式通常返回数值或数值数组,引用形式通常返回引用。

7.3.3.1　INDEX( )函数的数组形式

INDEX( )函数语法是: =INDEX(array,[row_num],[column_num])。

INDEX( )函数的参数如下:

第一个参数:array 为单元格区域或数组常量。

如果数组只包含一行或一列,则相对应的参数 row_num 或 column_num 为可选。如果数组有多行和多列,但只使用 row_num 或 column_num,函数 INDEX( )返回数组中的整行或整列,且返回值也为数组。

第二个参数:row_num 为数组中某行的行序号,函数从该行返回数值。如果省略 row_num,则必须有 column_num。

第三个参数:column_num 为数组中某列的列序号,函数从该列返回数值。如果省略 column_num,则必须有 row_num。

7.3.3.2　INDEX( )函数的引用形式

INDEX( ) 函数语法是: = INDEX (reference, [row _ num], [column _ num], [area _ num])。

INDEX 函数的参数如下:

第一个参数:reference 是对一个或多个单元格区域的引用。

第二个参数:row_num 为引用中某行的行序号,函数从该行返回一个引用。

第三个参数:column_num 为引用中某列的列序号,函数从该列返回一个引用。

第四个参数:area_num 为选择引用中的一个区域,并返回该区域中 row_num 和 column_num 的交叉区域。选中或键入的第一个区域序号为 1,第二个为 2,以此类推。如果省略 area_num,函数 INDEX( )使用区域 1。

7.4　文武双全:文本函数

文本函数用来处理公式中的文本字符串。如 TEXT 函数可以将数值转换为文本,MID 函数可以返回字符串中从指定位置开始的特定长度的字符串。下面对几种常见的文本函数进行介绍。

7.4.1　LEFT( )函数

LEFT( ) 函数可以从一个文本字符串的第一个字符开始返回特定个数的字符。LEFT( )函数语法是:=LEFT(text,[num_chars])。

LEFT( )函数的参数如下:

第一个参数:text 指要提取字符的文本字符串。

第二个参数:num_chars 指定要由 LEFT( )所提取的字符数,该参数值必须大于或等于 0,也可以省略。若 num_chars 大于文本长度,则 LEFT( )返回所有文本,若省略 num_chars,则假定其为 1。

7.4.2　RIGHT( )函数

RIGHT( )函数可以根据指定的字符数返回文本字符串中最后一个或多个字符。RIGHT( )函数语法是:=RIGHT(text,[num_chars])。

RIGHT( )函数的参数如下:

第一个参数:text 指要提取字符的文本字符串。

第二个参数:num_chars 指要由 RIGHT( )函数所提取的字符数,该参数值必须大于或等于 0,也可以省略。若 num_chars 大于文本长度,则 RIGHT( )函数返回所有文本,若省略 num_chars,则假定其为 1。

7.4.3　MID( )函数

MID( )函数可以返回字符串中从指定位置开始的特定长度的字符串。

MID( )函数语法是：= MID(text，start_num，num_chars)。

MID( )函数的参数如下：

第一个参数：text 指要提取字符的文本字符串。

第二个参数：start_num 指文本中要提取的第一个字符的位置。文本中第一个字符的 start_num 值为 1，以此类推。

第三个参数：num_chars 指要从文本中返回的字符个数。

在使用 MID( )函数设置参数值时，有以下几点说明：

(1)若 start_num 大于文本长度，则 MID( )函数返回空文本("")。

(2)若 start_num 小于文本长度，但 start_num 加上 num_chars 超过了文本的长度，则 MID( )函数只返回最多直到文本末尾的字符串。

(3)若 start_num 小于 1，则 MID( )函数返回错误值#VALUE！。

(4)若 num_chars 是负数，则 MID( )函数返回错误值#VALUE！。

7.4.4　LEN( )函数

LEN( )函数可以返回文本字符串中的字符个数，其函数语法是 = LEN(text)。text 是要计算其长度的文本字符串，空格也会作为字符进行计数。

7.4.5　CONCAT( )函数

CONCAT( ) 函数可以将多个区域或字符串中的文本组合起来，其函数语法是：= CONCAT(text1，…)。

text1… ：为 1~255 个要连接的文本项。这些文本项可以是文本字符串或字符串数组，如单元格区域。

【例 7-4】　如图 7-9 所示，在单元格 B2 中输入公式 = CONCAT("我"，"在使用"，A1：A4)，返回文本字符串为"我在使用 WPS 办公软件"。

	A	B	C
		公式	结果
1	W		
2	P	=CONCAT("我","在使用",A1:A4)	我在使用WPS办公软件
3	S		
4	办公软件		

(顶部公式栏：B2 | fx | =CONCAT("我","在使用",A1:A4))

图 7-9　CONCAT( )函数使用示例

7.4.6　TEXTJOIN( )函数

TEXTJOIN( )函数可以将多个区域或字符串的文本组合起来，并在要组合的各文本值之间插入指定的分隔符。

TEXTJOIN( )函数语法是：= TEXTJOIN(delimiter，ignore_empty，text1，…)。

TEXTJOIN( )函数的参数如下：

第一个参数：delimiter 为分隔符，指在每个文本项之间插入的字符或字符串。

第二个参数：ignore_empty 如果为 TRUE，则忽略空白单元格；如果为 FALSE，则表示包括空白单元格。

第三个参数：text1…为 1~255 个要连接的文本项。这些文本项可以是文本字符串或字符串数组，如单元格区域。

【例 7-5】　如图 7-10 中表格所示，在单元格 B2 中输入公式：= TEXTJOIN(" ＊ "，TRUE，A1：A7)，返回文本字符串为"W ＊ P ＊ S ＊ TEXTJOIN 函数"。

	A	B	C
		B2 · ⊕ fx =TEXTJOIN("*", TRUE, A1:A7)	
	A	B	C
1	W	公式	结果
2		=TEXTJOIN("*", TRUE, A1:A7)	W*P*S*TEXTJOIN函数
3	P		
4	S		
5			
6			
7	TEXTJOIN函数		

图 7-10　TEXTJOIN( )函数使用示例

7.4.7　TRIM( )函数

TRIM( )函数可以清除文本中所有的空格(除单词之间的单个空格外)，其函数语法是：= TRIM(text)，text 表示要删除其中空格的文本字符串。

7.4.8　CLEAN( )函数

CLEAN( )函数可以删除文本中所有的非打印字符。

CLEAN( )函数语法是：= CLEAN(text)，text 表示需要从中删除非打印字符的工作表信息。

【例 7-6】　如图 7-11 中数据表所示，使用 CLEAN( )函数删除不能打印的字符。

	A	B
1	数据	结果
2	=CHAR(5)&"办公软件WPS"&CHAR(5)	
3	=CLEAN(A2)	办公软件WPS
4		
5		
6		

图 7-11　CLEAN( )函数使用示例

在单元格 A3 中输入" = CLEAN(A2)"，此公式在字符串中删除不能打印的字符 CHAR(5)，则结果为"办公软件 WPS"。

7.4.9 TEXT( )函数

TEXT( )函数可以将数值转换为按指定数字格式表示的文本。

TEXT( )函数语法是:=TEXT(value,format_text)。

TEXT( )函数的参数如下:

第一个参数:value 为数值、计算结果为数值的公式,或是对包含数值的单元格的引用。

第二个参数:format_text 为"单元格格式"对话框中"数字"选项卡上"分类"框中的文本形式的数字格式。

【例 7-7】 在如图 7-12 所示的数据表中使用 TEXT( )函数将表中 B 列的数值转换为按指定数字格式表示的文本。

	A	B	C
1	工作人员	参考数据	公式
2	王明	2000	=A2&"本月取得"&TEXT(B2,"$0.00")&"的业绩"
3	章静	0.6	=A3&"本月已完成"&TEXT(B3,"0%")&"的工作量"

图 7-12 TEXT( )函数示例

单元格 C2=A2&"本月取得"&TEXT(B2,"$0.00")&"的业绩",该公式将单元格 A2 和 B2 合并成一句话并将 B2 中的数值转换为以"$0.00"格式表示的文本,输出结果为"王明本月取得$2000.00 的业绩"。

单元格 C3=A3&"本月已完成"&TEXT(B3,"0%")&"的工作量",该公式将单元格 A3 和 B3 合并成一句话并将 B3 中的数值转换为以"0%"格式表示的文本,输出结果为"章静本月已完成 60% 的工作量"。

7.5 黑色星期一:日期和时间函数

日期和时间函数可以用来分析或操作公式中与日期时间有关的值。

7.5.1 DATEIF( )函数

DATEIF( )函数可以计算两个日期之间的天数、月数或年数,其返回值是两个日期之间的日、月或年间隔数。

DATEIF( )函数的语法是=DATEIF(start_date,end_date,unit)

DATEIF( )函数的参数如下:

第一个参数:start_date 指时间段内的第一个日期或起始日期。

第二个参数:end_date 指时间段内的最后一个日期或结束日期。

第三个参数:unit 指所需信息的返回类型。主要有"Y""M""D"几种类型,"Y"指计算两个日期间隔的年数,"M"指计算两个日期间隔的月数,"D"指计算两个日期间隔的天数。

7.5.2　TODAY( )函数

TODAY( )函数可以返回当前日期的序列号,该函数没有参数。如果在键入函数前,单元格的格式为"常规",则结果将设为日期格式。

WPS 表格可将日期存储为可用于计算的序列号。默认情况下,1900 年 1 月 1 日的序列号是 1,而 2020 年 7 月 1 日的序列号是 44013,这是因为它距 1900 年 1 月 1 日有 44 013 天。

7.5.3　NETWORKDAYS( )函数

NETWORKDAYS( )函数可以返回两个日期之间的全部工作日数。工作日不包括周末和专门指定的假期。

NETWORKDAYS( )函数的语法是: = NETWORKDAYS (start _ date , end _ date , [holidays])。

NETWORKDAYS( )函数的参数如下:

第一个参数:start_date 指开始日期。

第二个参数:end_date 指终止日期。

第三个参数:holidays 指要从工作日历中去除的一个或多个日期(一串数字)的可选组合,如传统假期、国家法定假期及非固定假期。

7.6　千数万数一刻算:数字处理函数

7.6.1　求和函数 SUM( )

SUM( )函数可以对给定的值或指定的区域进行求和。如果参数中有错误值或为不能转换成数字的文本,将会导致错误无法计算。其函数语法是: = SUM (number1 , number2 , …)。

7.6.2　向下取整函数 INT( )

INT( )函数可以将数字向下舍入到最接近的整数,其函数语法是: = INT (number) ,number 为需要进行向下舍入取整的实数。

【例7-8】　使用 INT( )函数对数据进行取整,如图 7-13 所示。

	A	B	C
1	数据	公式	结果
2	20.5	=INT(A2)	20
3		=INT(-A2)	-21
4		=A2-INT(11.7)	9.5

图 7-13　INT( )函数使用示例

7.6.3 四舍五入函数 ROUND( )

ROUND( )函数可以将数字按指定位数取整,其函数语法是:=ROUND(number,num_digits)。

ROUND( )函数的参数如下:

第一个参数:number 表示需要进行四舍五入的数字。

第二个参数:num_digits 表示指定的位数,按此位数进行四舍五入。

(1)如果 num_digits 大于0,则四舍五入到指定的小数位。

(2)如果 num_digits 等于0,则四舍五入到最接近的整数。

(3)如果 num_digits 小于0,则在小数点左侧进行四舍五入。

【例7-9】 使用 ROUND( )函数对数据进行四舍五入,如图7-14所示。

	A	B	C
1	数据	公式	结果
2	21.56	=ROUND(A2, 1)	21.6
3		=ROUND(2.149, 1)	2.1
4		=ROUND(-3.36, 1)	-3.4
5		=ROUND(21.5, -1)	20

图7-14 ROUND( )函数使用示例

7.6.4 条件求和函数 SUMIF( )

使用 SUMIF( )函数可以对区域范围中符合指定条件的值求和。

SUMIF( )函数语法是:=SUMIF(range,criteria,sum_range)

SUMIF( )函数的参数如下:

第一个参数:range 为条件区域,用于条件判断的单元格区域。

第二个参数:criteria 是求和条件,由数字、逻辑表达式等组成的判定条件。

第三个参数:sum_range 为实际求和区域,需要求和的单元格、区域或引用。当省略第三个参数时,则条件区域就是实际求和区域。

7.6.5 多条件求和函数 SUMIFS( )

多条件求和函数 SUMIFS( )是指对区域中满足多个条件的单元格求和。

SUMIFS( )函数语法是:=SUMIFS(sum_range,criteria_range1,criteria1,[criteria_range2,criteria2],…)

SUMIFS( )函数的参数如下:

第一个参数:sum_range 指对一个或多个单元格求和,包括数值或包含数值的名称、区域或单元格引用。忽略空白单元格和文本值。

第二个参数:criteria_range1 指在其中计算关联条件的第一个区域。

第三个参数:criteria1 指条件的形式为数字、表达式、单元格引用或文本,可用来定义将对 criteria_range1 参数中的哪些单元格求和。

第四个参数：criteria_range2，criteria2，…指附加的区域及其关联条件。最多允许 127 个区域/条件对。

【例 7-10】　如图 7-15 所示，使用 SUMIFS( )函数对区域 A2：A7 中符合条件的单元格数值进行求和：B2：B7 中相应单元格为玉米且 C2：C7 中相应单元格的数值为 1001。

	A	B	C
1	产品数量	产品类型	仓库编号
2	120	苹果	1001
3	80	苹果	1002
4	150	核桃	1001
5	90	玉米	1002
6	100	玉米	1001
7	75	核桃	1002

图 7-15　SUMIFS( )函数使用示例

在空白单元格中输入公式 = SUMIFS(A2：A7，B2：B7，" 玉米 "，C2：C7，1001)，结果为 100。

7.6.6　计数函数 COUNT( )

COUNT( )函数可以返回包含数字以及包含参数列表中的数字的单元格个数。利用 COUNT( )函数可以计算单元格区域或数字数组中数字字段的键入项个数。

COUNT( )函数语法是 = COUNT(value1，value2，…)

参数 value1，value2，… 为包含或引用各种类型数据的参数(1~30 个)，但只有数字类型的数据才被计算。

函数 COUNT( )在计数时，会把数字、日期或以文本代表的数字计算在内，但是错误值或其他无法转换成数字的文字将被忽略。

如果参数是一个数组或引用，那么只统计数组或引用中包含数字的单元格个数；数组或引用中的空白单元格、逻辑值、文字或错误值都将被忽略。

【例 7-11】　如图 7-16 所示，使用 COUNT( )函数对单元格进行计数。

	A	B	C
1	数据	公式	结果
2	2020/7/1	=COUNT(A2:A8)	3
3	100	=COUNT(A6:A8)	1
4	TRUE	=COUNT(10,A2:A8)	4
5		=COUNT(A2:A8,"4.2",8)	5
6	#NAME?		
7	19.56		
8	WPS表格公式		

图 7-16　COUNT( )函数使用示例

7.6.7 判断计数函数 COUNTIF( )

COUNTIF( )函数是一个统计函数,用于统计满足某个条件的单元格的数量。

COUNTIF( )函数语法是:=COUNTIF(range,criteria)。

COUNTIF( )函数的参数如下:

第一个参数:range 指要计算其中非空单元格数目的区域。

第二个参数:criteria 指以数字、表达式或文本形式定义的条件。

【例7-12】 如图7-17所示,使用 COUNTIF( )函数对单元格进行计数。

	A	B	C	D	E
1	数据1	数据2	数据3	公式	结果
2	仓库1	苹果	123	=COUNTIF(B2:B7,"苹果")	3
3	仓库2	桃子	86	=COUNTIF(C2:C7,">100")	2
4	仓库3	柑橘	98		
5	仓库4	苹果	75		
6	仓库5	柑橘	114		
7	仓库6	苹果	54		

图 7-17 COUNTIF( )函数使用示例

7.6.8 最大值 MAX( )和最小值 MIN( )

MAX( )函数可以返回一组数字中的最大值,其函数语法为:=MAX(number1,number2,…)。参数 number1,number2,…是要从中找出最大值的1~30个数字参数。

参数可以是数字、空白单元格、逻辑值或数字的文本表达式。如果参数为错误值或不能转换成数字的文本,将产生错误。

如果参数为数组或引用,则只有数组或引用中的数字将被计算。数组或引用中的空白单元格、逻辑值或文本将被忽略。

如果参数不包含数字,函数 MAX( )返回 0(零)。

MIN( )函数与 MAX( )函数完全类似,其功能为求一组数字中的最小值。

7.6.9 排名函数 RANK( )

RANK( )函数可以返回一个数字在数字列表中的排位,数字的排位是其大小与列表中其他值的比较。

RANK( )函数语法是:=RANK(number,ref,[order])。

RANK( )函数的参数如下:

第一个参数:number 为需要进行排位的数字。

第二个参数:ref 为数字列表数组或对数字列表的引用。ref 中的非数值型参数将被忽略。

第三个参数:order 可指明排位的方式。

(1)如果 order 为 0(零)或省略,对数字的排位是基于 ref 按照降序排列的列表。

(2)如果 order 不为零,对数字的排位是基于 ref 按照升序排列的列表。

【例7-13】 使用 RANK( )函数对指定的数字进行排位计算,如图7-18所示。

	A	B	C
1	数据	公式	结果说明
2	1	=RANK(A3,A2:A7,1)	(A3=28)在数字列表中的排位是6（升序）
3	28	=RANK(A3,A2:A7,0)	(A3=28)在数字列表中的排位是1（降序）
4	3	=RANK(A4,A2:A7,1)	(A4=3)在数字列表中的排位是2（升序）
5	9.5	=RANK(A7,A2:A7,1)	(A7=3)在数字列表中的排位是2（升序）
6	4	=RANK(A6,A2:A7,1)	(A6=4)在数字列表中的排位是4（升序）
7	3		

图 7-18　RANK( )函数使用示例

RANK( )函数对重复数的排位相同,但重复数的存在将影响后续数值的排位。如示例数据中 3 出现两次,其排位都是 2,则数据 4 的排位为 4(没有排位为 3 的数值)。

7.6.10　随机数函数 RAND( )

RAND( )函数可以返回大于或等于 0 及小于 1 的均匀分布随机数,每次计算工作表时都将返回一个新的数值。例如：=RAND( )*100,可以返回 0~100 的一个随机数。

7.7　万无一失：错误屏蔽函数

在 WPS 表格中插入公式时,由于使用的函数种类较多、部分函数参数复杂性较大等因素,导致在使用公式时发生错误。那么如何去判断某个公式是否使用正确呢？使用 IF-ERROR( )函数可以捕获和处理公式中的错误。

IFERROR( )函数可以检查公式是否存在错误,如果公式中有错误则返回使用者指定的值,否则返回公式的正确结果。

IFERROR( )函数的语法是：=IFERROR(value,value_if_error)。

IFERROR( )函数的参数如下：

第一个参数：value 表示需要检测的值。检测值可以是一个单元格、公式或数值。

第二个参数：value_if_error 表示公式计算出错时返回的值。计算得到的错误类型有：#N/A、#VALUE!、#REF!、#DIV/0!、#NUM!、#NAME？或#NULL!。

若 value 或 value_if_error 是空白单元格,则 IFERROR( )将其视为空字符串值（""）。

【例 7-14】　使用 IFERROR( )函数捕捉除法错误,如图 7-19 所示。

	A	B	C	D
1	存储量	输出量	公式	结果
2	300	50	=IFERROR(A2/B2,"计算中有错误")	6
3	210	0	=IFERROR(A3/B3,"计算中有错误")	计算中有错误
4		32	=IFERROR(A4/B4,"计算中有错误")	0

图 7-19　IFERROR( )函数使用示例

第8章　WPS表格图表绘制篇

WPS表格在提供强大数据处理功能的同时，也提供了丰富的图表功能。图表是图形化的数据，图像由点、线、面与数据匹配组合而成，利用图表可以更直观地显示工作表数据，有利于对各种数据进行理解和分析。

8.1　一图胜千言：图表的魅力

8.1.1　创建图表

在WPS表格中，可以利用图表功能将工作表中的数据变得立体化、形象化。WPS表格中的图表类型有柱形图、折线图、饼图、条形图、面积图、XY（散点图）、股价图、雷达图、组合图等，每种图表类型还包括多种子图表类型。这些图表并不是所有数据、所有场合都适用，我们需要根据实际需求来选择合适的图表。那么在WPS表格中如何创建图表呢？创建图表的方法有以下3种。

8.1.1.1　利用"插入图表"对话框创建图表

首先要选中用来创建图表的数据区域，利用【插入】选项卡中的【图表】指令，在弹出的"插入图表"对话框中选择需要的图表类型和样式，然后点击【确定】，如图8-1所示。

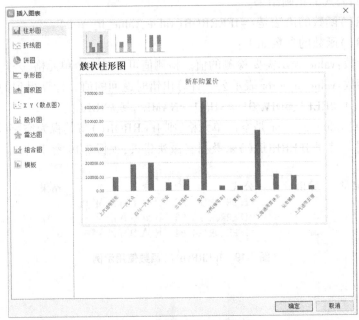

图8-1　"插入图表"对话框

8.1.1.2　快捷按钮创建图表

选中用来创建图表的数据区域,在【插入】选项卡的图表类型选项组中选择所要插入的图表类型,然后在下拉列表中选择需要的图表样式即可,如图 8-2 所示。

图 8-2　图表类型选择区

8.1.1.3　快捷键创建图表

选中目标数据区域,按【F11】快捷键,WPS 表格中会自动创建一个图表,其默认的图表样式为簇状柱形图。

图表由各种图表元素构成,一个图表主要由以下部分构成:

(1)图表标题。描述图表的名称。

(2)坐标轴与坐标轴标题。坐标轴标题是 X 轴和 Y 轴的名称,可有可无。

(3)网格线。从坐标轴刻度延伸出来并贯穿整个"绘图区"的线条,可有可无。

(4)绘图区。以坐标轴为界的区域。

(5)数据系列。在图表中绘制的相关数据点,这些数据源自数据表的行或列。

(6)图例。包含图表中相应的数据系列的名称和数据系列在图中的颜色。

(7)背景墙与基底。三维图表中会出现背景墙与基底,是包围在许多三维图表周围的区域,用于显示图表的维度和边界。

8.1.2　快速布局

如果想快速地更改图表的整体布局,可以通过 WPS 表格中的快速布局功能来实现,从而提高工作效率。图表布局是指图表中的元素构成及各元素的位置,WPS 表格中内置了多种图表布局方式供使用者选择。

快速布局方法:选中创建的图表,在【图表工具】选项卡中选中【快速布局】按钮,在弹出的下拉列表中选择需要的布局方式,如图 8-3 所示。

8.1.3　编辑图表

图表创建完成后,如果对工作表进行修改,图表的信息也将随之变化。如果工作表没有变化,也可以对图表的"图表类型""图表源数据""图表位置"等进行修改。

8.1.3.1　修改图表类型

修改图表类型主要有以下 2 种方法:

(1)选中图表,单击功能区【图表工具】选项卡中的【更改类型】按钮,在弹出的"更改图表类型"对话框中,选择需要修改的图表类型和子类型,单击【确定】完成修改。

(2)选中图表,单击鼠标右键,在弹出的快捷菜单中选择【更改图表类型】命令,在弹出的"更改图表类型"对话框中完成修改。

8.1.3.2　修改图表源数据

若需要在图表中添加数据系列、删除数据系列或修改数据范围,则需要对图表源数据进行修改,修改图表源数据有以下 2 种方法:

(1)选中图表,单击功能区【图表工具】选项卡中的【选择数据】按钮,弹出"编辑数据源"对话框,在图表数据区域左侧"系列"文本框中可以添加、删除或编辑数据系列,修改

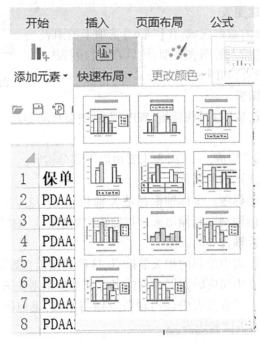

图 8-3 "快速布局"下拉列表

后单击【确定】按钮即可,如图 8-4 所示。

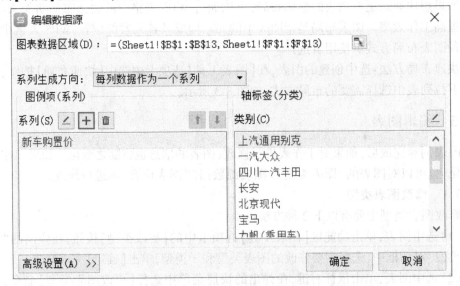

图 8-4 "编辑数据源"对话框

(2)选中图表,单击鼠标右键,在弹出的快捷菜单中选择【选择数据】命令,在弹出的"编辑数据源"对话框中完成修改。

8.1.3.3 切换行/列数据

图表中的数据可以分为横向排列和纵向排列,在创建图表时 WPS 会自动判断数据的排列方向并生成数据系列。如果在创建图表后发现图表中的数据系列生成方式与实际需

求不同,可以通过切换行/列数据进行更改,方法有两种:

(1)选中图表,单击功能区【图表工具】选项卡中的【切换行列】按钮,即可完成快速切换。

(2)选中图表,单击功能区【图表工具】选项卡中的【选择数据】按钮,进入"编辑数据源"对话框后,在"系列生成方向"下拉列表中根据实际需要选择"每行数据作为一个系列"或"每列数据作为一个系列"来完成行/列数据切换。

8.1.3.4　移动图表

一般情况下,图表是以对象方式嵌入在工作表中的,即"嵌入式图表"。移动图表有以下 3 种方式:

(1)使用鼠标拖放可以在工作表中移动图表。

(2)使用"剪切"和"粘贴"命令可以在不同工作表之间移动图表。

(3)将"嵌入式图表"移动到一个新的工作表中,使其成为"独立图表"。其方法为:选中图表,单击功能区【图表工具】选项卡中的【移动图表】按钮,弹出"移动图表"对话框,如图 8-5 所示。单击【新工作表】单选按钮,可将选中的"嵌入式图表"移动到一个新的工作表中,使其成为"独立图表",工作表名可以在右侧的文本框中输入。若单击【对象位于】单选按钮,可以通过右侧的下拉菜单,将选中的"嵌入式图表"移动到其他工作表中去。

图 8-5　"移动图表"对话框

8.1.4　图表美化

创建和编辑好图表后,使用者可以根据个人喜好或实际需求对图表的样式、颜色、线型、填充效果等进行设置,还可以对图表中的图表区、绘图区、坐标轴、背景和基底等进行设置,最终达到美化图表的目的。

8.1.4.1　选择图表样式

WPS 表格中内置了多种图表样式,通过选择图表样式可以达到快速美化图表的目的。具体操作:首先选中需要美化的图表,单击【图表工具】选项卡,在弹出的图表样式缩略图列表框中选择需要的图表样式,如图 8-6 所示。

8.1.4.2　设置图表颜色及背景

在 WPS 表格中可以对图表的图表区、绘图区、图表标题等图表元素进行颜色或背景

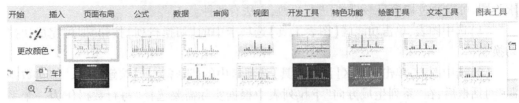

图 8-6　图表样式缩略图列表框

的设置。首先选中要进行设置的图表元素,然后单击【图表工具】选项卡中的【设置格式】按钮,弹出"属性"窗格,在"填充与线条"分组中对所选的图表元素进行颜色和背景的相关设置,如图 8-7 所示。

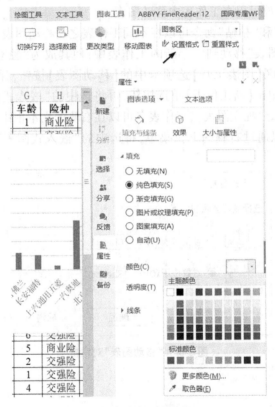

图 8-7　"属性"窗格

例如将图表区背景设置为自定义图片,将图表绘图区设置为纯色填充,并为其设置透明度,操作如下:

步骤 1:选中图表区,单击【设置格式】弹出"属性"窗格后,在"填充"下选择"图片或纹理填充",通过"本地文件"上传需要设置为背景的图片即可,如图 8-8 所示。

步骤 2:选中绘图区,在对应的"属性"窗格中选中"纯色填充",颜色选择"白色",透明度设置为 30%,如图 8-9 所示。

选中某个图表元素后,在【设置格式】按钮上方的下拉列表框中会显示相对应的图表元素选项,使用者也可以直接在该下拉列表中选择要设置的图表元素。此外,弹出某图表

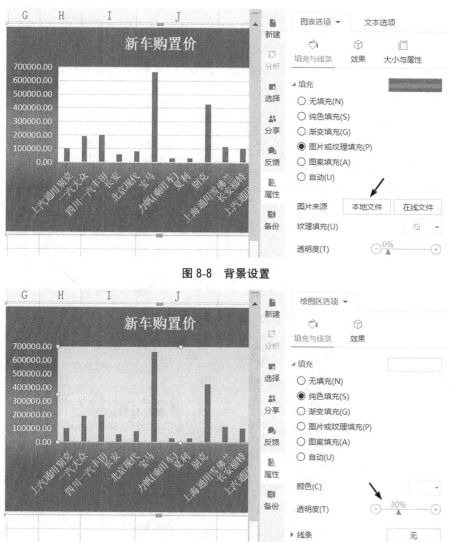

图 8-8 背景设置

图 8-9 图表绘图区颜色设置

元素"属性"窗格的方法还有选中某个图表元素后单击鼠标右键,在弹出的快捷菜单中选择"设置图表区域格式",如图 8-10 所示,或者直接双击某个图表元素。

8.1.5 添加元素

不同类型的图表,其构成的图表元素是有一定区别的,一个图表中不需要出现所有的图表元素,但根据实际需求,有时需要在创建好的图表中添加一些元素让图表表达的信息更清晰、更全面,如添加坐标轴或其他重要信息。添加元素的方法主要有以下两种。

8.1.5.1 通过【添加元素】按钮添加

选中图表,单击【图表工具】选项卡中的【添加元素】按钮,在弹出的下拉列表中选择需要添加的图表元素及样式,如图 8-11 所示。

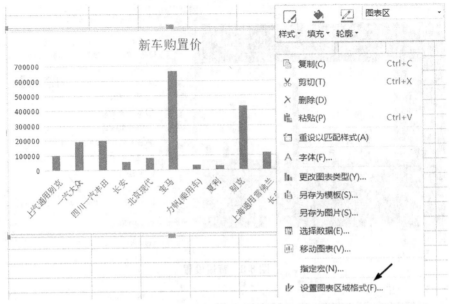

图 8-10　设置图表元素格式

图 8-11　【添加元素】按钮

8.1.5.2　通过快捷按钮添加

选中图表,在图表右侧会出现一列快捷按钮,选中【图表元素】按钮,在弹出的列表中选择要设置的图表元素即可,如图 8-12 所示。

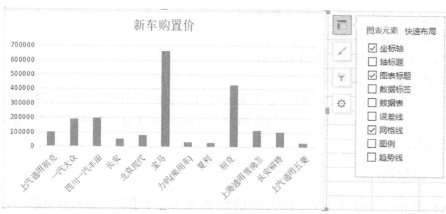

图 8-12　通过快捷按键添加图表元素

8.2　图表七君子:基础图形的绘制

8.2.1　柱形图

柱形图主要用于显示一段时间内的数据变化或各项之间的比较情况。在柱形图中,通常沿水平轴显示类别数据,即 X 轴;而沿垂直轴显示数值,即 Y 轴。

柱形图包括簇状柱形图、堆积柱形图和百分比堆积柱形图 3 种图形。

8.2.2　条形图

当图表显示持续时间或类别文本很长时,使用条形图可以直观地显示各个类别之间的比较情况。在出现以下情况时可以使用条形图:

(1)轴标签过长。

(2)显示的数值是持续型的。

条形图包括簇状条形图、堆积条形图和百分比堆积条形图 3 种图形。

8.2.3　折线图

折线图可以显示随时间变化的连续数据,适用于显示在相同时间间隔下的数据趋势。

如果类别标签是文本并且代表均匀分布的数值,如月、季度或财政年度,则可以使用折线图。在折线图中,类别数据沿水平轴均匀分布,数值数据沿垂直轴均匀分布。

折线图包括基础折线图、堆积折线图、百分比堆积折线图、带数据标记的折线图、带数据标记的堆积折线图和带数据标记的百分比堆积折线图 6 种图形。

8.2.4　饼图

饼图用于显示一个数据系列中各项的大小与总和的比例。相同颜色的数据标记组成一个数据系列,饼图中只有一个数据系列。饼图中的数据点显示为整个饼图的百分比,各类别分别代表整个饼图的一部分。在出现以下情况时,可以使用饼图:

(1)仅有一个需要绘制的数据系列。

(2)需要绘制的数值没有负值。

(3)需要绘制的数值几乎没有零值。

(4)类别数目不超过 7 个。

饼图包括基础饼图、复合饼图、复合条饼图和圆环图 4 种图形。其中,圆环图用于显示各个部分与整体之间的关系。在圆环图中,只有排列在工作表的列或行中的数据才可以绘制到图表中。

8.2.5 面积图

面积图用于强调数量随时间而变化的程度,也可用于引起人们对总值趋势的注意。面积图还可以通过显示所绘制的值的总和显示部分与整体的关系。

面积图包括基础面积图、堆积面积图和百分比堆积面积图 3 种图形。

8.2.6 XY 散点图

XY 散点图用于显示若干数据系列中各数值之间的关系,或者将两组数据绘制为 XY 坐标的一个系列。XY 散点图通常用于显示和比较数值,如科学数据、统计数据、工程数据等。

XY 散点图有两个数值轴,沿水平轴方向显示一组数值数据,即 X 轴;沿垂直轴方向显示另一组数值数据,即 Y 轴。在出现以下情况时可以使用 XY 散点图:

(1)需要更改水平轴的刻度。

(2)需要将轴的刻度转换为对数刻度。

(3)水平轴上有许多数据点。

(4)水平轴的数值不是均匀分布的。

(5)需要显示大型数据集之间的相似性而非数据点之间的区别。

(6)需要在不考虑时间的情况下比较大量数据点。

(7)需要有效地显示包含成对或成组数值集的工作表数据,并调整散点图的独立刻度,以显示关于成组数值的详细信息。

XY 散点图包括基础散点图、带平滑线和数据标记的散点图、带平滑线的散点图、带直线和数据标记的散点图、带直线的散点图和气泡图 6 种图形。

8.2.7 雷达图

雷达图用于比较若干数据系列的聚合值。排列在工作表的列或行中的数据可以绘制到雷达图中。雷达图包括基础雷达图、带数据标记的雷达图和填充雷达图 3 种子类型。

(1)基础雷达图:用于显示各值相对于中心点的变化,其中可能显示各个数据点的标记,也可能不显示这些标记。

(2)带数据标记的雷达图:用于显示各值相对于中心点的变化。如果不能直接比较类别,可使用此种图表。

(3)填充雷达图:显示相对于中心点的数值。如果不能直接比较类别,且仅有一个系列时,可使用此种图表。

8.3　图动吸人眼:交互式图表的设计

8.3.1　透视图切片器制作

数据透视表是用来从 WPS 数据清单中总结信息的分析工具,它是一种交互式报表,可以快速分类汇总、比较大量的数据,并可以随时选择其中页、行和列中的不同元素,以达到快速查看源数据的不同统计结果,同时还可以随意显示和打印出感兴趣的明细数据。

分类汇总只适合按单个字段进行分类,然后对一个或多个字段进行汇总。在实际应用中,常常需要按多个字段进行分类并汇总,如果用分类汇总方式进行处理则比较困难。而数据透视表有机地综合了数据排序、筛选、分类汇总等数据分析的优点,可方便地调整分类汇总的方式,灵活地以不同方式展示数据的特征。

【例 8-1】　如图 8-13 所示,对"车险信息表"数据清单的内容建立数据透视表和透视图,按"投保类别"筛选,列标签为"险种",行标签为"使用性质",求和项为"签单保费",并置于现工作表的 A19:D23 单元格区域,最后制作透视图切片器对透视图/表中的数据进行筛选。

	保单号	品牌	续保年	投保类别	使用性质	新车购置价	车龄	险种	客户类别	是否投保车损	是否投保盗抢	签单保费	立案件数	已决赔款
1														
2	PDAA201965321	上汽通用别克	0	交商全保	家庭自用车	100900.00	1	商业险	个人	投保车损	未投保盗抢	2264.6	0	
3	PDAA201965322	一汽大众	0	交商全保	企业非营业用车	191800.00	1	交强险	个人	未投保车损	未投保盗抢	849.06	0	
4	PDAA201965323	四川一汽丰田	0	交商全保	家庭自用车	200800.00	2	交强险	个人	未投保车损	未投保盗抢	716.98	0	
5	PDAA201965324	长安	0	单商业	家庭自用车	56900.00	4	商业险	个人	未投保车损	未投保盗抢	1011.75	1	
6	PDAA201965325	北京现代	0	单交强	家庭自用车	81600.00	14	交强险	个人	未投保车损	未投保盗抢	716.98	0	
7	PDAA201965326	宝马(某用军)	8	交商全保	家庭自用车	665000.00	11	商业险	个人	未投保车损	未投保盗抢	1190.29	0	
8	PDAA201965327	力帆(某用军)	0	交商全保	家庭自用车	32500.00	5	商业险	个人	未投保车损	未投保盗抢	833.21	0	
9	PDAA201965328	夏利	0	单交强	家庭自用车	29800.00	7	交强险	个人	未投保车损	未投保盗抢	627.36	0	
10	PDAA201965329	别克	0	交商全保	企业非营业用车	429000.00	6	交强险	机构	未投保车损	未投保盗抢	1066.04	0	
11	PDAA201965330	上海通用雪佛兰	0	单交强	家庭自用车	116900.00	3	交强险	个人	未投保车损	未投保盗抢	950	1	744
12	PDAA201965331	长安福特	0	单商业	家庭自用车	102900.00	8	商业险	个人	未投保车损	未投保盗抢	1190.29	0	
13	PDAA201965332	上汽通用五菱	0	单交强	家庭自用车	29000.00	7	交强险	个人	未投保车损	未投保盗抢	726.42	0	
14	PDAA201965333	一汽丰田	0	交商全保	家庭自用车	345240.00	5	交强险	个人	未投保车损	未投保盗抢	1487.86	0	
15	PDAA201965334	北京现代	0	单交强	家庭自用车	120800.00	9	交强险	个人	未投保车损	未投保盗抢	627.36	0	

图 8-13　"车险信息表"数据清单

步骤 1:用鼠标单击"车险信息表"数据清单内的任一单元格。在功能区【插入】选项卡下单击【数据透视图】按钮,弹出"创建数据透视图"对话框,如图 8-14 所示。

步骤 2:选择数据源。数据透视表的数据源是透视表的数据来源。数据源可以是 WPS 的数据表格,也可以是外部数据表和 Internet 上的数据源,还可以是经过合并计算的多个数据区域或另一个数据透视表。

本例中,在"创建数据透视图"对话框的"请选择单元格区域"下的文本框中选择区域 A1:N15,此时系统自动使用绝对引用的单元格地址"Sheet1!＄A＄1:＄N＄15"。

步骤 3:在"请选择放置数据透视表的位置"区域中选定数据透视表的放置位置,有"新工作表"和"现有工作表"两种方式。选择前者数据透视表放置在同一工作簿内新建的工作表中,选择后者时还必须指定数据透视表在现有工作表中放置的位置。

本例中,在"创建数据透视图"对话框的"请选择放置数据透视表的位置"下单击【现有工作表】单选按钮,在"位置"后面的文本框中选择将放置数据透视表的单元格区域 A19:D23,此时系统自动将其更换为绝对引用的单元格地址"Sheet1!＄A＄19:＄D＄23",单击【确定】按钮,弹出"数据透视图字段列表"对话框,如图 8-15 所示。

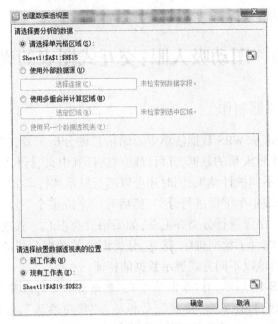

图 8-14　"创建数据透视图"对话框

图 8-15　"数据透视图字段列表"对话框

步骤 4："数据透视图字段列表"对话框中除了显示全部字段,还将筛选的字段添加到"筛选"区中,将分类的字段添加到"行"和"列"区中,并成为透视表的行、列标题,将要汇总的字段添加到"值"区。

本例中,在弹出的"数据透视图字段列表"对话框中,将"投保类别"拖至"筛选器"区,即按"投保类别"筛选;然后将"险种"拖至"图例(系列)"区,即按"险种"进行分类汇总;将"使用性质"拖至"轴(类别)"区,即按"使用性质"进行分类汇总;再将"签单保费"拖至"值"区,即按签单保费计数。此时,在所选择放置数据透视表的位置处显示出完整的数据透视表和透视图,如图 8-16 所示。

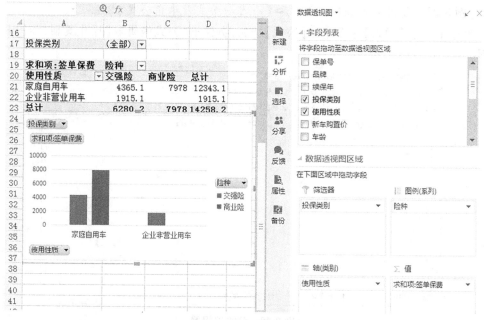

图 8-16　创建好的数据透视图/表

步骤 5:使用透视图切片器能够更快更直观地筛选数据透视表。选中已创建好的透视图,点击【插入】选项卡中【切片器】按钮后会弹出"插入切片器"对话框。在"插入切片器"对话框中选择要进行筛选的条件,可以选择多个条件也可以选择单个条件。例如选择"投保类别"和"使用性质",点击【确定】后完成切片器插入操作。可在切片器中选择不同的条件对透视表中的数据进行筛选,如图 8-17 所示。若要删除已创建的切片器,可以直接选中该切片器,点击【Delete】键即可。

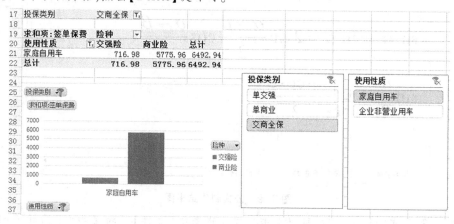

图 8-17　制作切片器

8.3.2　函数公式制作

在 WPS 数据表中,除可以使用系统自带的函数公式外,还可以使用公式编辑器制作一些包含各种数学计算符号、结构复杂的公式,并以图片的形式显示在数据表中。

【例8-2】 使用公式编辑器制作和差化积分公式及半角公式。

步骤1:点击【插入】选项卡中【公式】按钮,会弹出"公式编辑器"操作页面,如图8-18所示。

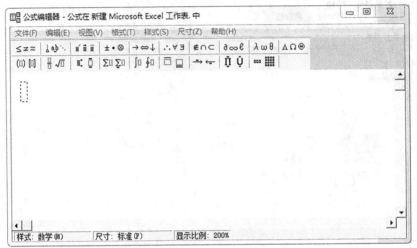

图 8-18 公式编辑器

步骤2:可以在光标跳动处使用【公式编辑器】工具栏中提供的各种数学样式符号输入公式,公式制作结果如图8-19所示。

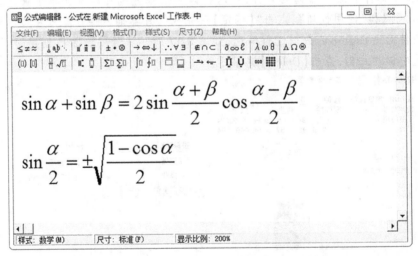

图 8-19 公式制作结果图

步骤3:公式制作完成后,可以点击公式编辑器中【文件】下拉项中"退出并返回工作表"或点击右上角关闭按钮,则WPS数据表中会显示制作的公式图。鼠标双击公式图可打开公式编辑器,对已制作的公式进行编辑。

8.4　我们不一样:单元格的自我展示

8.4.1　条件格式突出显示单元格

利用 WPS 表格的条件格式功能,使用者可以预置一种单元格格式或者单元格内的图形效果,并在指定的某种条件被满足时自动应用于目标单元格。可预置的单元格格式包括边框、底纹、字体颜色等。具体操作步骤如下:

(1)选定需要设置条件格式的单元格或单元格区域。

(2)单击【开始】选项卡,在【样式】选项组中单击【条件格式】下拉按钮。

(3)根据所需设定的条件从下拉列表中选择格式设置。

【例 8-3】　将车险信息表数据清单中签单保费低于 1 000 元的单元格设置为"浅红色填充"。操作方法如下:

步骤 1:选中 L2:L15 单元格区域,在 WPS 表格功能区单击【开始】选项卡中【条件格式】下拉按钮,在其扩展菜单中选择【突出显示单元格规则】命令,在其子菜单中单击【小于】命令,弹出 I"小于"对话框。

步骤 2:在"小于"对话框中左侧的文本框中输入"1000","设置为"下拉菜单选择"浅红色填充",单击【确定】按钮即可完成条件格式的设置,如图 8-20 所示。

	A	B	C	D	E	F	G	H	I	J	K	L
1	保单号	品牌	续保年	投保类别	使用性质	新车购置价	车龄	险种	客户类别	是否投保车损	是否投保盗抢	签单保费
2	PDAA201965321	上汽通用别克	0	交商全保	家庭自用车	100900.00	1	商业险	个人	投保车损	未投保盗抢	2264.6
3	PDAA201965322	一汽大众	0	交商全保	企业非营业用车	191800.00	1	交强险	个人	未投保车损	未投保盗抢	849.06
4	PDAA201965323	四川一汽丰田	0	交商全保	家庭自用车	200800.00	2	交强险	个人	未投保车损	未投保盗抢	716.98
5	PDAA201965324	长安	0	单商业	家庭自用车	56900.00	4	商业险	个人	未投保车损	未投保盗抢	1011.75
6	PDAA201965325	北京现代	0	单						未投保车损	未投保盗抢	716.98
7	PDAA201965326	宝马	8	交商						未投保车损	未投保盗抢	1190.29
8	PDAA201965327	力帆(乘用车)	0	交商	1000		设置为	浅红填充色		未投保车损	未投保盗抢	833.21
9	PDAA201965328	夏利	0	单商		确定	取消			未投保车损	未投保盗抢	627.36
10	PDAA201965329	别克	0	交商						未投保车损	未投保盗抢	1066.04
11	PDAA201965330	上海通用雪佛兰	0	单商业	家庭自用车	110500.00				未投保车损	未投保盗抢	950
12	PDAA201965331	长安福特	0	单商业	家庭自用车	102900.00	8	商业险	个人	未投保车损	未投保盗抢	1190.29
13	PDAA201965332	上汽通用五菱	0	单交强	家庭自用车	29000.00	7	交强险	个人	未投保车损	未投保盗抢	726.42
14	PDAA201965333	一汽奥迪	0	交商全保	家庭自用车	345240.00	5	商业险	个人	未投保车损	未投保盗抢	1487.86
15	PDAA201965334	北京现代	0	单交强	家庭自用车	120800.00	9	交强险	个人	未投保车损	未投保盗抢	627.36

图 8-20　"条件格式"设置对话框及设置后效果

8.4.2　图形化条件规则(数据条、色阶、图标集)

WPS 表格数据填充录入完成了,并不代表制作表格的工作结束了。为了达到数据可视化,达到让使用者一目了然的效果,一般可以用漂亮的图表来展现。但图表复杂,花费时间较多,这时可以选择使用条件格式中的图形化条件规则,一样可以完成可视化的效果。单元格图形效果包括"数据条""色阶""图标集"等。

【例 8-4】　将车险信息表数据清单中新车购置价使用"数据条"图形效果展现出来。操作方法如下:

选中 F2:F15 单元格区域,在 WPS 表格功能区单击【开始】选项卡中【条件格式】下拉按钮,在其扩展菜单中选择【数据条】命令中某种填充颜色,本例中选择"实心填充蓝色数据条",操作后单元格会以不同长短的蓝色数据条直观地反映出新车购置价的高低情况。设置数据条图形化条件规则后效果如图 8-21 所示。

⊿	A	B	C	D	E	F	G	H	I	J	K	L
1	保单号	品牌	续保年	投保类别	使用性质	新车购置价	车龄	险种	客户类别	是否投保车损	是否投保盗抢	签单保费
2	PDAA201965321	上汽通用别克	0	交商全保	家庭自用车	100900.00	1	商业险	个人	投保车损	未投保盗抢	2264.6
3	PDAA201965322	一汽大众	0	交商全保	企业非营业用车	191800.00	1	交强险	个人	未投保车损	未投保盗抢	849.06
4	PDAA201965323	四川一汽丰田	0	交商全保	家庭自用车	200800.00	2	交强险	个人	未投保车损	未投保盗抢	716.98
5	PDAA201965324	长安	0	单商业	家庭自用车	56900.00	4	商业险	个人	未投保车损	未投保盗抢	1011.75
6	PDAA201965325	北京现代	0	单交强	家庭自用车	81600.00	14	交强险	个人	未投保车损	未投保盗抢	716.98
7	PDAA201965326	宝马	8	交商全保	家庭自用车	665000.00	11	商业险	个人	未投保车损	未投保盗抢	1190.29
8	PDAA201965327	力帆(乘用车)	0	交商全保	家庭自用车	32500.00	5	商业险	个人	未投保车损	未投保盗抢	833.21
9	PDAA201965328	夏利	0	单交强	家庭自用车	29800.00	7	交强险	个人	未投保车损	未投保盗抢	627.36
10	PDAA201965329	别克	0	交商全保	企业非营业用车	429000.00	6	交强险	机构	未投保车损	未投保盗抢	1066.04
11	PDAA201965330	上海通用雪佛兰	0	单交强	家庭自用车	116900.00	10	交强险	个人	未投保车损	未投保盗抢	950
12	PDAA201965331	长安福特	0	单商业	家庭自用车	102900.00	8	商业险	个人	未投保车损	未投保盗抢	1190.29
13	PDAA201965332	上汽通用五菱	0	单交强	家庭自用车	29000.00	7	交强险	个人	未投保车损	未投保盗抢	726.42
14	PDAA201965333	一汽奥迪	0	交商全保	家庭自用车	345240.00	5	商业险	个人	未投保车损	未投保盗抢	1487.86
15	PDAA201965334	北京现代	0	单交强	家庭自用车	120800.00	9	交强险	个人	未投保车损	未投保盗抢	627.36

图 8-21 设置数据条图形化条件规则后效果图

在【条件格式】→【数据条】命令中可以选择"其他规则",在弹出的"新建格式规则"对话框中可选择不同规则类型进行条件设置。"新建格式规则"如图 8-22 所示。

图 8-22 "新建格式规则"对话框

"色阶"条件规则可以为单元格区域添加颜色渐变,颜色可以指明每个单元格值在该区域中的位置。"图标集"可以选择不同的图标代表单元格内的值。"色阶"和"图标集"图形化条件规则设置与"数据条"条件规则设置操作类似,这里不再详细介绍。

8.4.3 添加迷你图

迷你图是工作表单元格中的一个微型图表,可以提供数据的直观表示。使用迷你图可以显示一系列数值的趋势，或者可以突出显示最大值和最小值。在数据旁边放置迷你图可达到最佳效果。

【例 8-5】 在如图 8-23 所示的数据表中插入迷你图，具体操作如下：

	A	B	C	D	E	F	G	H	I
1		周一	周二	周三	周四	周五	周六	周日	迷你图
2	本周系统登录人次	1506	1330	1200	1291	942	307	291	

图 8-23 插入迷你图示例图

步骤 1：选择数据源 B2：H2，在【插入】选项卡中点击【图表】按钮，在弹出的“插入图表”对话框中选择“折线图”，点击【确定】后自动生成基础折线图。

步骤 2：选中折线图，点击右侧第一个快捷按钮中的【图表元素】，取消勾选“坐标轴”“图表标题”“网格线”。

步骤 3：双击折线图或点击图右侧快捷按钮中最下面的【设置图表区域格式】按钮，在弹出的“属性”窗格中将“填充”设置为“无填充”，“线条”设置为“无线条”。

步骤 4：最后将设置好的折线图进行大小调整，并移动到 I2 单元格中。完成效果如图 8-24 所示。

	A	B	C	D	E	F	G	H	I
1		周一	周二	周三	周四	周五	周六	周日	迷你图
2	本周系统登录人次	1506	1330	1200	1291	942	307	291	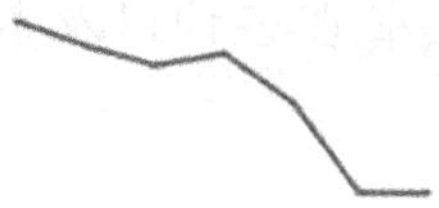

图 8-24 插入迷你图后效果图

第 3 部分　WPS 演示

想说服领导给资源做项目？要用演示文稿；

想给团队讲清楚自己的思路？要用演示文稿；

想在领导面前汇报自己的成绩？要用演示文稿。

演示文稿(PowerPoint,简称 PPT)制作软件是当今使用频率最高的办公软件之一,一个优秀的演示文稿作品可以更直观地表达演示者的观点,让观众更容易接受演示者所要表达的内容。WPS 演示能够轻松、高效地制作出图文并茂、声形兼备、变化效果丰富多彩的多媒体演示文稿,所以在工作汇报、企业宣传、产品推介、婚礼庆典、项目竞标、管理咨询以及教育培训等领域占着举足轻重的地位。

第9章　WPS 演示素材选取篇

"干得累死累活,有业绩又如何,到头来,干不过写 PPT 的!"某公司年会节目中的歌词唱出了很多职场人士的心声。大家都知道 PPT 的重要性,但是很多人依然是 PPT 制作困难户,每次看到那些需要做成 PPT 的文档时,都不知该从何下手。很重要的一个原因是不知道如何选择素材:找不到好的字体,不知道怎么安装,找不到好的图片,不知道怎么搜索,找不到好的配色,不知道怎么搭配。

本章主要介绍 PPT 字体、图片、声音、配色等素材(制作 PPT 的原材料)选取与应用,破除读者制作 PPT 无素材障碍,快速开启制作高质量 PPT 之旅。

9.1　乱花渐欲迷人眼,素材究竟怎么选?

一份漂亮的演示文稿作品不仅要体现设计者的逻辑,更要体现出设计者的美感,而与主题贴切的优秀素材更能让 PPT 锦上添花,实现让观众赏心悦目的效果。

PPT 新手容易犯的错之一是总害怕页面太空洞,把大大小小花花绿绿的文字、图片等素材简单地放到一个演示文稿页面里面,看起来信息很丰富,其实是 WPS 文字的翻版,阅读起来十分不易,降低了信息的传递效率。因此,素材的选择要做到少而精。

新手易犯的另外一个错误是只注重 PPT 背景、图片或关系图示等大类元素设计,忽略了字体、配色、版式等细节元素。因此,在制作 PPT 时简单地在网上找个模板把内容嵌入,容易导致原有模板中的配图和自己的主题有一定的差别,甚至出现图文不匹配的状况。如图 9-1 所示的 PPT 文字是想表达教学设计过程中的分组讨论,加入了小组讨论的图片,贴合主题,效果就很好。因此,PPT 中所有元素的选取一定要贴合主题,大到背景、图片,小到字体、配色,所有元素都要为主题服务。

PPT 制作看似简单,但是要制作一份精美的 PPT,却是需要极大的耐心和长时间的积累和练习。通过学习别人制作的优秀 PPT,可以了解哪些元素的使用更能强化 PPT 的说服力,各类元素要如何设计才更符合现代美学要求,如何布局才能更方便、更有效地增强沟通效果。

9.2　WPS 演示中最亮的仔:字体

在职场办公的 PPT 制作中,文字是使用最多的元素之一。而字体是文字的外在形式特征,字体的艺术性体现在其完美的外在形式与丰富的内涵之中。同样的文字内容使用的字体不一样,给观众带来的视觉感受也完全不同。图 9-2 和图 9-3 所示的 PPT 内容完全相同,但是图 9-2 中 PPT 便显得平淡无奇,而图 9-3 中 PPT 的字体通过加大字号、加粗字体、突出字色等方式,能够瞬间吸引观众眼球。因此,恰到好处的字体设置能够让 PPT

教学设计

图 9-1　PPT 中与主题相关素材案例

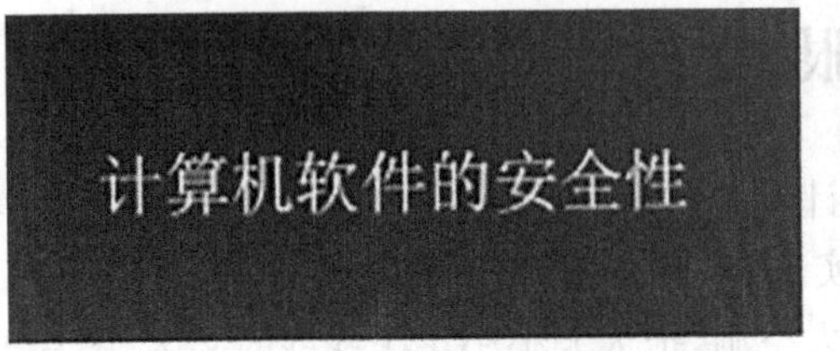

图 9-2　PPT 中的文字效果(一) 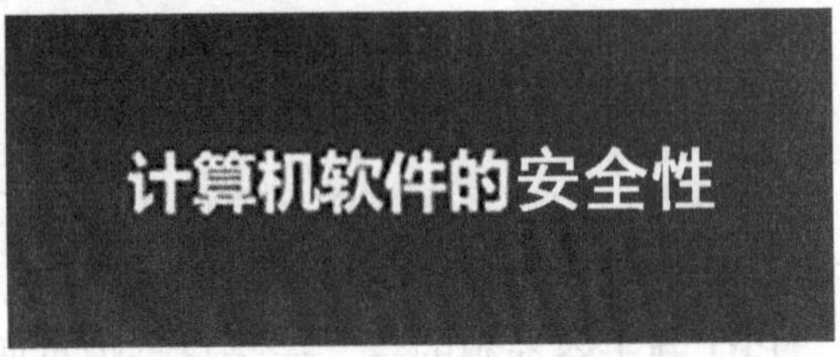　　　　　图 9-3　PPT 中的文字效果(二)

脱颖而出,轻松实现事半功倍的效果。

　　PPT 中使用的字体(见图 9-4)主要有衬线字体、无衬线字体。

　　衬线字体是在字的笔画开始、结束的地方有额外的装饰,而且笔画的粗细会有所不同。衬线字体更适合小字时使用,但是通过投影后清晰度不高。常用的衬线字体有宋体、楷体、隶书、仿宋、方正粗宋等。

黑体　微软雅黑　幼圆　宋体

图 9-4　PPT 中的字体

　　相对衬线字体而言,无衬线字体没有额外的装饰,而且笔画的粗细差不多,更适合大字时使用,投影时更显得美观,有简练、明快、爽朗的感觉,因此在 PPT 中用的比较多。常用的无衬线字体有微软雅黑、黑体、幼圆、综艺简体等。

　　同一个文字,衬线字体有着各种突出和粗细不一的笔画,而无衬线字体笔画均匀。衬线和无衬线字体对比如图 9-5 所示。

　　制作 PPT 时,选择字体的原则为:优选无衬线,清晰且易看,统一风格美。

　　(1)优选无衬线。职场办公 PPT 设计越来越趋向于简洁美,重实用而轻花哨的设计,无衬线字体愈发受到欢迎和喜爱,因此要尽量避免使用衬线字体。

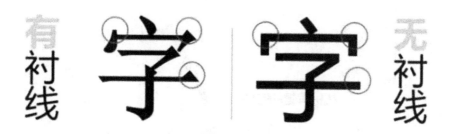

图 9-5　衬线字体对比

有的时候自己原本的电脑上下载了某种字体,而别的电脑上没有,宋体作为 Windows 系统默认的字体,就会替换掉原先字体。此时的 Windows 系统用户在保存时需要在【WPS 演示】→【工具】→【选项】→【常规与保持】中选择【将字体嵌入文件】的选项,如图 9-6 所示。

图 9-6　WPS 演示字体保存设置

(2)清晰且易看。奇怪字体、手写字体和书法体会让你的 PPT 呈现出怪异的感觉,同时降低了 PPT 的档次。一些特殊字体运用于标题中可以突出重点,彰显风格;但特殊字体一般不适用于正文中。

同时,同一份 PPT 中建议不超过 2 种不同类型的字体。图 9-7 中文字部分用了一种字体,用红色字体和加大字号强调了关键字;若字体较多,给人眼花缭乱之感,让 PPT 看起来很不专业。

图 9-7　WPS 演示字体案例

(3)统一风格美。每份 PPT 都有自己的风格,同理,每种字体也有自己的风格。这两者之间的风格要相符,不能有冲突。本章总结出职场 PPT 常用的五种字体风格:中规中矩型、威武刚劲型、高端气质型、霸气侧漏型、可爱清新型,帮助读者轻松掌握各类字体在不同场景中的应用。

中规中矩型字体:微软雅黑、华文细黑、方正黑体简体。此类字体字形规矩,结构清晰,适用于各种 PPT 正文中,这类字体也是各类工作报告、年终总结、商业汇报等首选字体。

威武刚劲型字体:方正大黑简体、方正粗谭黑简体、锐字锐放黑简。此类字体字形犀利、笔画粗壮,适用于各类竞赛、选举、辩论等激情演讲以及竞争、对比等以男性为主题的PPT 中。

高端气质型字体:微软雅黑 light、方正兰亭细黑简体、方正兰亭超细黑简体。此类字体笔画细腻纤长,字形气质优雅,具有科技感和时尚感,给人的感觉就是字体中的贵族。

霸气侧漏型字体:方正吕建德字体、叶根友特楷简体、叶根友毛笔行书简体。此类字体属于中国书法字,有的清秀细腻,有的大气磅礴。此类字体常被用于中国风的设计,以及其他大气风格的 PPT 中。

可爱清新型字体:方正喵呜体、汉仪小麦体、迷你简丫丫。此类字体具有萌萌的幼儿风格,适用于低年级的教学课件或是与儿童相关主题的 PPT。

在微软的 Windows 操作系统中默认字体是非常有限的,因此为了丰富 PPT 的表达能力,需要额外安装一些特殊的字体。网络上提供了较多的字体下载网站,读者可根据需要下载后安装使用。需要注意的是,字体也是一种版权作品,使用过程中要避免侵权。

私藏字体(http://sicangziti.com/)(见图 9-8),该网站是一个站长个人运营的专门用来收集精品字体的网站,每款字体提供直观的预览效果,方便判断是否需要下载。

找字网(http://www.zhaozi.cn/)(见图 9-9)中包含了方正系列、文鼎系列、锐黑系列、叶根友系列、华康系列以及各种书法字体等都可以在找字网上找到。

识字体网(https://www.likefont.com/)(见图 9-10)是一个字体识别网站,也可以很方便地下载字体。截取需要识别的文字,然后将图片上传到这个网站,按照提示操作,在

图 9-8　私藏字体网站

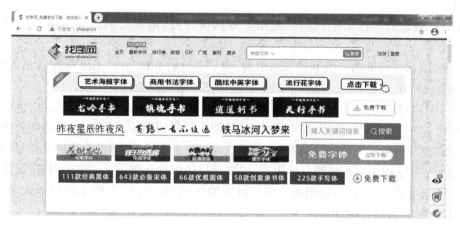

图 9-9　找字网

识别出字体后,网站会显示该字体是否免费、可商用,用户也可以根据提示下载字体安装包。

图 9-10　识字体网

9.3 亮出你的美:图片

PPT 本身是技术与艺术的结合,"文不如字,字不如表,表不如图",图片对于 PPT 的重要性不言而喻,其主要有以下作用:

(1)用作背景。图像主要用作 PPT 的模板或者首页界面,起到美化界面的作用,从而使整个界面符合人们的视觉心理,画面效果优美,显示出整个 PPT 界面的艺术性特征。

(2)用作边角修饰。边角修饰作用可以增加 PPT 的整体美感,通过局部艺术性画面,增加了 PPT 的活跃性,打破了 PPT 边框的约束,给人带来轻松的感觉,同时还能呈现出新颖的富含创意的艺术界面效果。

(3)用作图标。可用图片制作导航图标,通过技术性的加工,能够使按钮与导航图标的作用一目了然、清晰简捷,图标自身富有质感和美感,实用性强,能够体现图标交互性的特征作用。

(4)传载信息。PPT 中的图像除用于界面设计外,最重要的就是传递和承载相关信息。

WPS 演示支持的图片类型越来越丰富,除了常见的 PNG、JPG、GIF 等图片格式外,还支持 WMF、EMF 等矢量格式图片。PPT 中使用图片时要注意以下三点:

(1)图片清晰度要高,避免使用模糊的图片。高质量的图片像素通常较高,色彩搭配比较醒目,明暗关系对比强烈,细节比较细腻,插入这样的图片会提升 PPT 的精致感。很多时候需要高质量的图片来打动观众,尽量选择视觉冲击力强、感染力强的高质量图片。

(2)挑选与 PPT 内容相符合的图片,主要是运用图片直接承载演讲的内容;运用图片比喻或者暗喻演说的内容;运用图片渲染特定的气氛、情绪,提升 PPT 的整体效果,表达演说者的情绪,从而说服观众。

(3)图片除要足够清晰,与内容很契合外,还要注意图片的风格与 PPT 的整体风格是否相符。例如,当使用图片来增加内容的可信度与商务感时,要选择经过精心安排、细节丰富、光影变化细腻、严肃正规风格的图片。当使用图片来增强 PPT 的趣味性,吸引观众的眼球时,要选择幽默风趣风格的图片。

如何快速收集到制作 PPT 所需的图片呢?最基本的方法当然是搜索引擎,比如百度图片、搜狗图片、360 图片等。稍微专业点的方法是到专业的图片网站下载,比如 Pixabay、Pexels、500PX 等,需要注意的是,好图片大部分都有版权,使用过程中要避免侵权。

在网上搜索符合 PPT 主题和风格的高质量图片时,搜索的关键字决定了搜索图片的质量。图片搜索包括两种,一种是具象的,一种是抽象的。具象的,指的是那些具体的和文字能够直接对应起来的图片。比如介绍 AI 机器人的功能,直接关键字搜索"AI 机器人"即可;搜索抽象的图片相对比较麻烦,比如某公司产品发布会上 PPT 最后一页准备表达公司使命:让每个人都能享受科技的乐趣。但是使命是一个很抽象的概念,要想找一张满意的图片似乎比较困难,通过摄图网还有 Pixabay 搜索了一番,都没有找到能够表达使命的图片。这时可考虑联想词搜图法,即使用一些与关键词相近的词,比如可尝试着将关键字"使命"替换为"愿望""梦想""追求""未来";如果近义词还搜不到想要的图片,这时可进一步放宽思路,搜索与近义词相似的词汇,比如可以用远方、目标代替梦想、追求,用道路、星空来代替远方,用山顶、高峰来代替目标。只要思路拓展开,抽象的概念很容易具体化了,搜索到的结果必然是高质量的图片。

当在网上搜索到的图片很少时,可通过 WPS 演示的裁剪、变色、特效等功能,轻松实现一图多用。如图 9-11 所示,PPT 首页是一张航海图,目录页则截取了航海中的帆船部分,既保持了内容上的连贯性,也体现出一脉相承的风格设计。

图 9-11　一图多用案例

9.4　声临其境:影音使用技巧

在制作演示文稿的过程中,有时候需要添加与主题相关的声音或视频,尤其是在制作宣传类演示文稿时,恰到好处的影音能够让演示文稿变得有声有色,更具感染力。

WPS 演示的背景音乐可以是轻快型,也可以是舒缓的或动感的音乐,建议从专业的音乐平台下载。音乐素材的选择与图片相似,关键是切合演示文稿的主题,能够将 PPT 演示情景和内容表达进行定制,从而给观众留下声临其境之感。

在演示文稿中,插入背景音乐步骤如下:打开需要开启音频的页面,选择【插入】→【音频】,点击【插入音频】按钮,在弹出的菜单中选择【PC 上的音频】命令。在打开的"插入音频"对话框中选择下载好的音乐,单击【打开】按钮即可。如图 9-12 所示。

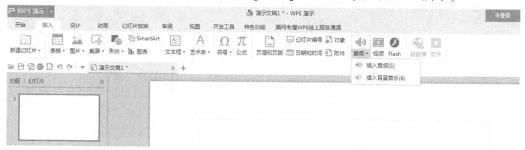

图 9-12　WPS 演示插入音频

插入背景音乐后,PPT 界面中会出现一个"小喇叭"图标及一个声音播放器。有时候需要让背景音乐自动播放,操作步骤如下:插入音频以后,单击 PPT 中的小喇叭形状,功能区会新增【音频工具】,在【音频工具】中"开始"下面的下拉菜单中选择【自动】。设置完成后,当我们放映 PPT 时,背景音乐就会自动播放了。如果 PPT 演示的时间较长,而背

办公自动化教程(电力方向)

景音乐一般只有 3~5 min,这里我们想要背景音乐一直循环播放,在【音频工具】中勾选"循环播放,直至停止"选项,背景音乐就能够一直循环播放了。PPT 在播放过程中,如果觉得小喇叭图标影响画面美观度,也可以将其隐藏,在【音频工具】中勾选"放映时隐藏"复选框,播放 PPT 时,图标将自动隐藏起来,如图 9-13 所示。

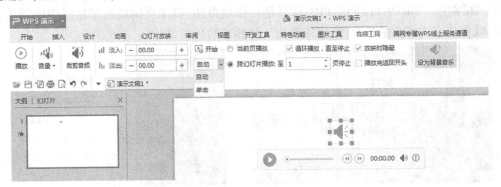

图 9-13　WPS 音频工具应用案例

有些 PPT 中,片头的音乐和内页的背景音乐会不同,片头采用节奏较快的音乐,而内页可能采用轻柔的音乐,有的甚至某些页面不配乐。操作步骤如下:用鼠标右键单击插入的音频,选择【设置对象格式】,单击【动画】,单击插入音频动画选项下拉菜单中的【效果选项】按钮,在"播放"对话框的"计时"中设置计时选项的"重复"即可。如想要从第 1 页至第 5 页播放音乐,就把音乐插入在第 1 页 PPT 中,设置"重复"在第 5 页之后就可以了。不同页面的音频设置技巧见图 9-14。

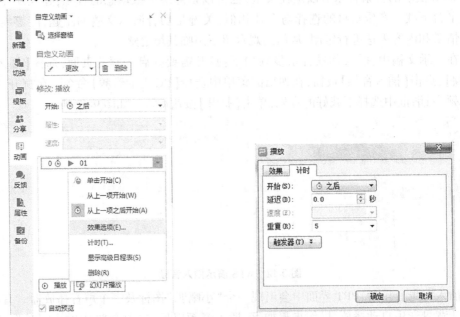

图 9-14　不同页面的音频设置技巧

如果演示文稿是纯静态的页面,给观众的感觉是缺乏动感,但加多了动画又会让页面分不清主次。因此,用视频这个元素能很好地解决页面呆板的问题,大幅度提升 PPT 的档次,让人印象深刻。演示文稿中插入视频的方式与插入音频相似,点击【插入】,单击【视频】,然后选择一段本地的视频插入 PPT 中即可。

　　WPS 演示对视频提供了旋转、裁剪、设置淡入淡出效果、调节音量等一些人性化的编辑操作,能够帮助我们做更完美的 PPT。比如当需要使用一个动态旋转的球形线条视频来作为某科技公司宣传 PPT,为了突出其高端的科技风格,首先,插入视频并依次对视频的播放属性进行调整。同时将视频设置为"循环播放,直到停止",再为片头和片尾添加淡入淡出效果,并将"淡入""淡出"持续时间都设置为 0.75 s。然后,添加 PPT 的主题,这样就完成了一个既简单又高档次的 PPT 封面。视频淡入淡出效果设置如图 9-15 所示。

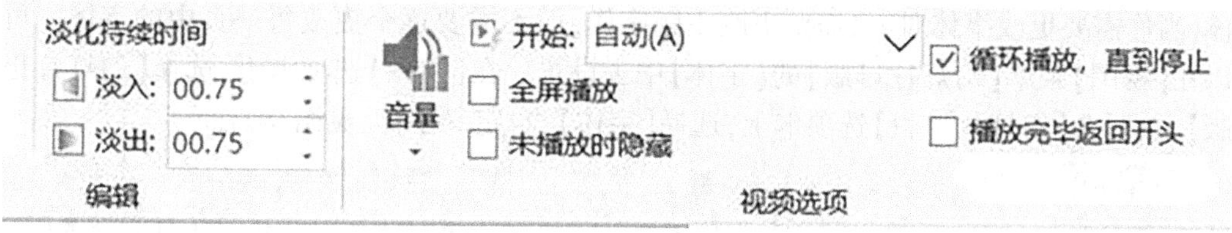

图 9-15　视频淡入淡出效果设置

　　有些视频开头是从黑色中淡出的效果,所以当视频没有播放的时候,我们在页面上能看到的就是黑黑的一块,整个 PPT 就像在这里被剪了个洞,开了个天窗一样。如果剪去黑色开头的部分,在播放视频的时候会很突兀,这时候只需要截取视频中间区域的截图,插入到 PPT 的播放区域,并将其置于顶层。当演示文稿未播放时,视频区域就不再是黑块了,而是刚才截图的图像。

　　如果你的视频在播放时没有勾选"全屏播放"的选项,只是在小窗口播放,还可以通过给视频加个"外壳"的方式让视频播放给人更优雅的体验,如图 9-16 所示。在演示文稿中插入一张高清晰的 iMac 正面图片,把视频插入 PPT 页面,缩放到合适大小(再次提醒维持宽高比例不变),放置到 iMac 的屏幕区域,设置好之后,点击播放感觉就像是 iMac 在播放一样。

03 课程内容
PART THREE

图 9-16　添加视频外壳

9.5　主题的选择

演示文稿的主题是一组预定义的颜色、字体和视觉效果，适用于幻灯片，以具有统一、专业的外观。主题可以理解为 PPT 真正意义上的"皮肤"，是提升 PPT 效率和建立标准化的有效资源，帮助文档编辑者节省时间，形成统一规范。主题包含了最主要（常用）的几个标准规则：主题字体、主题颜色、版式。

主题字体简单地说就是在整个演示文档中"标题字体"和"正文字体"默认匹配的字体，当你需要更改字体时，只需要更改主题字体，而不需要逐个更改每一页中的字体。可以在【视图】菜单【幻灯片母版】的【字体】中去设置。在【视图】选项卡上，选择【幻灯片母版】，然后在【幻灯片母版】选项卡上，选择【字体】，自定义字体，见图 9-17。

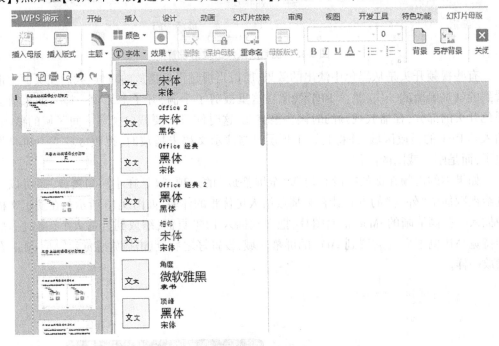

图 9-17　更改母版字体

每个 PPT 主题都使用其唯一的一组颜色、字体和效果来创建幻灯片的整体外观。在当前 PPT 中，通过更改主题颜色中的颜色设置，可以快速更改文档中所有对应颜色。在【幻灯片母版】中点击【主题】的【颜色】选项，可以一键修改主题颜色。

在幻灯片母版设置中可以添加自定义版式，一旦创建，可以在幻灯片编辑视图（普通视图）中一键添加此版式的幻灯片。每一个新建的 PPT 页面，都有对应的一个版式，如果你没有选，就是选择默认版式。幻灯片版式见图 9-18。

如果一个 PPT 的内容比较少，使用一套主题即可。如果 PPT 的幻灯片页数较多，而且都有着明确的章节区分，那么就可以给不同的章节设置不同的主题，从而使得一个 PPT 中包含了多种主题。操作步骤如下。

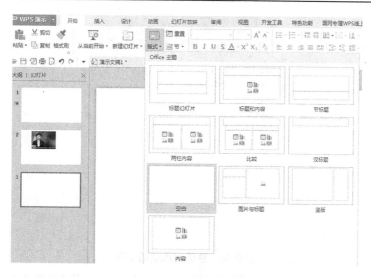

图 9-18　幻灯片版式

步骤 1：在幻灯片缩略图的间隙中单击鼠标右键，再点击右键菜单中的新增节，将演示文稿分为不同的节，确保同一节的主题相同。

步骤 2：点击其中一节的名字，则该节的所有幻灯片都被选中。

步骤 3：再点击【设计】选项卡下的主题，选择一种主题。这样，选中的节的所有幻灯片都应用上了这一套相同的主题，而未被选中的节及其幻灯片则不会应用上该套主题。

步骤 4：重复步骤 3，点击其他节设置不同的主题。这个 PPT 就应用上了多套不同的主题。

9.6　配色方案的选择

演示文稿作为一种注重视觉化的信息呈现方式，优秀的配色在提高演示文稿的观感、品味方面起到了重要作用。无论内容多么出彩，排版多么惊艳，配色如果没跟上，结果也可能功亏一篑。在制作演示文稿时，尽量做到色彩的鲜明性、独特性、合适性、联想性，让观众无须看具体内容，只是远远瞥一眼 PPT，就能心生愉悦。

演示文稿设计中都存在主色和辅助色之分。PPT 主色是视觉的冲击中心点、整个画面的重心点，它的透明度、饱和度都直接影响到辅助色的存在形式以及整体的视觉效果。比如电脑管家的"查杀病毒"页面在正常情况下的主色是冷静蓝，但它要是检测到了病毒，主色就会变成紧急红，见图 9-19。

辅色一般是指页面中面积比主色浅一些的颜色，添加辅色可以让页面看起来不那么单调。在演示文稿制作时，两种或多种对比强烈的色彩为主色的同时，必须找到平衡它们之间关系的一种色彩，比如黑色、灰色、白色等，但需要注意它们之间的亮度、对比度和具体占据的空间比例的大小，在此基础上再选择 PPT 的辅助色。

相同色相的颜色在变淡、变深、变灰时的面貌可能是你所想不到的。但总体有一种色调，是偏蓝或偏红，是偏暖或偏冷等。如果 PPT 设计过程没有一个统一的色调，就会显得

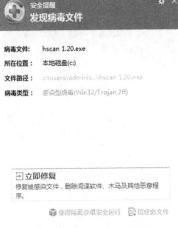

图 9-19　色调对风格的影响

杂乱无章。以色调为基础的搭配可以简单分为邻近色的 PPT 搭配、中差色搭配、对比色搭配、互补色搭配。

9.6.1　邻近色的 PPT 搭配

邻近色(见图 9-20)的 PPT 搭配,指的是在色环上相差 60°以内的颜色搭配形成统一的色调群,可以让画面看起来非常和谐、简洁、专业。比如日常的工作汇报,或是在严肃场合下使用的 PPT 就很适合使用这类配色。

图 9-20　邻近色

9.6.2　中差色、对比色搭配

中差色是指色环上相差约 90°的颜色,对比色则是指色环上相差约 120°的颜色,它们都属于颜色对比强烈的类型,使用这类配色,能为画面营造动感,以及视觉冲击感。那些看起来很灵动的配色,基本都是用的对比色或中差色。中差分、对比色见图 9-21。

9.6.3　互补色搭配

互补色(见图 9-22)就是指色环上相差约 180°的颜色,互补色就是那个令人闻风丧胆的"红配绿"与"黄配紫"的配色类型。互补色调因色彩的特性差异,造成鲜明的视觉互补,有一种相映或相拒的力量使之平衡,因而产生对比调和感。

图 9-21　中差分、对比色

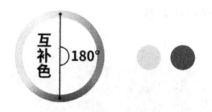

图 9-22　互补色

9.7　公司标准化 PPT 模板制作

在电力行业,员工制作 PPT 时都会被要求使用企业规定的 PPT 模板。规范化 PPT 模板的使用能体现出公司的专业和严谨,同时也在一定程度上照顾了对 PPT 制作不够熟悉的员工,使他们能把精力都放到准备 PPT 内容上去,而在视觉效果方面无须考虑太多。那么,这样一份企业 PPT 模板是如何从零开始打造出来的呢?

9.7.1　设置版面

新建 PPT 文档,根据需要选择设置 PPT 的幻灯片大小。对于一些会议室设备相对先进,使用液晶屏进行演示的企业,可以选择 16:9 的版面比例;如果企业还主要使用传统的投影仪加幕布方案,则可以选择制作 4:3 的模板。选择符合播放环境比例的规格来制作 PPT,可以最大效率地利用屏幕或幕布面积。本例中我们以 16:9 为例进行版面设置,见图 9-23。

图 9-23　PPT 显示比例设计

9.7.2　设置主题配色

假设我们要制作国家电网有限公司的通用 PPT 模板，从公司官网上获取配色方案是一个很不错的选择。登录国家电网有限公司官网，观察网站框架部分的配色，主要是特有的国网绿。使用截图工具分别截取该颜色的部分画面粘贴进 PPT，绘制矩形，使用【取色器】工具为矩形填充颜色，并记录下它们的 RGB 值。在 PPT 右侧单击【属性】，在【填充】选项下勾选【渐变填充】，在【色标颜色】中选择【更多颜色】，弹出"颜色"对话框，在"自定义"中分别填写前面记录的 RGB 值替换原主题色，单击【全部应用】，见图 9-24。完成替换之后可以命名保存当前主题配色方案。

图 9-24　自定义主题色

9.7.3　设置主题字体

既然是用于公司通用的 PPT，文字应该干练简洁、能高效传达 PPT 的内容。因此，我们可以选择使用微软雅黑字体，标题字体可设置为加粗、加大字号，正文可设置为 18 号字，字体颜色可根据页面主色进行适当调整，比如将 PPT 中字体颜色设置为国网绿色，与主题色融为一体，更能突出主题。

9.7.4　封面版式设计

封面设计一般有两种选择，一种是以图片为主的图文式，一种是以文字为主、形状为辅的简约式。考虑到打造公司品牌的需要，本节选择以简单形状结合国网公司图标来设计封面。封面版式以默认版式为基础进行调整，在右上角添加中英双语版的"你用电·我用心"品牌口号，进一步强化公司形象，见图 9-25。

9.7.5　目录版式设计

PPT 中的目录主要用于简要概括本次演示汇报包含哪些方面的内容。对于观众而言，有一个清晰的目录能有助于他们从大局上把握演讲者的逻辑思路，更透彻地理解演讲

图 9-25　封面设计

者的观点。另外,目录页稍作调整就可以变为转场页,通过颜色强调、字号变化等方式告诉听众目前讲到第几部分了,还有多少内容结束,间接地扮演了计时器的角色,见图 9-26。

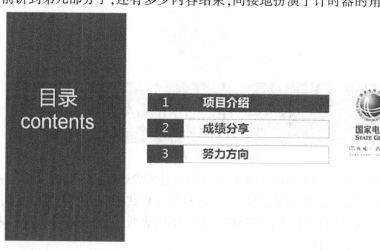

图 9-26　目录版式设计

9.7.6　内容版式设计

　　一份 PPT 模板需要哪些内页版式,和具体的汇报内容分不开。我们大可不必像一些网络售卖模板那样,大费周章地做几十页图文表格、图示图表页,只需根据自身情况,设计出几种最常用的内页版式即可。例如,这里我们设计的是一套公司的通用 PPT 模板,而实际操作的演示会根据实际添加更多内容,比如涉及一些案例解析,可以使用全屏直接播放案例 PPT,而非镶嵌在课件 PPT 里讲解。如果非要说哪种形式的内页版式使用较多,恐怕也就是内容展示类能排得上号。因此,可以设计一个内容展示页的版式,见图 9-27。

图 9-27   内容版式设计

9.7.7   封底版式设计

封底的设计相对比较简单,可以对封面页进行简单的变化,调整元素位置来制作,以便形成首尾呼应的效果,如图 9-28 所示。

The End

图 9-28   封底版式设计

上述页面仅是以公司通用的 PPT 模板为假想目的设计的。根据设计目的的不同,如工作汇报、论文答辩、项目申报等,其内在页面结构和形式都有可能会有所不同。对于商业用途的模板来说,很有可能还需要制作一系列的图表版式;对于课件类模板来说,往往还需要制作多媒体播放页版式。

制作完一套模板之后,如果想要便于下次使用,推荐大家将其保存为 PPT 模板格式 *.dpt。以这种模式保存过一次之后,再次打开修改,无法直接保存覆盖原文件,只能另存为新的文件,这就保证了 PPT 模板本身的纯洁性,避免了无意间对模板文件的修改和污染。

9.8   网格线与参考线

工欲善其事必先利其器。在 WPS 演示中,可以帮助排版的工具有两个:辅助线与对齐。WPS 中辅助线有网格线和参考线两类,辅助线可以帮你精确对齐元素、平衡页面布局。网格线是将页面均匀划分为小格子,参考线是建立垂直与水平的辅助线,方便在里面对齐摆放各类元素。单击【视图】→【网格和参考线】,在"屏幕上显示网格""屏幕上显示绘图参考线"的方框前打钩,见图 9-29。在 PPT 的制作过程中,单纯显示网格并没有太大的作用,这就好像即使作业本上印好了一个个的格子,可小朋友写字还是会东倒西歪,冒出格子去一样。如果最终我们仍然是靠手动拖放来移动元素和摆放位置,靠目测来判断元素是否和网格线对齐,那网格线在辅助对齐方面起到的作用就非常有限。

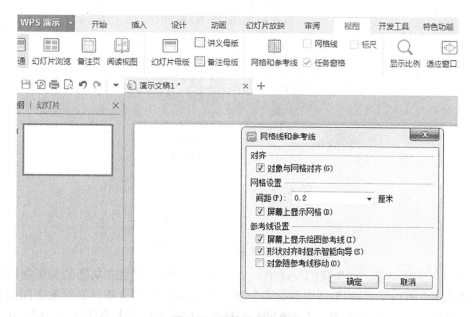

图 9-29　网格线与参考线

默认的参考线系统由水平、垂直中心线交叉构成。在实际使用过程中,仅有两条参考线显然是不够的,我们可以通过复制和移动参考线来自由构建需要的参考线体系——将光标放置在默认的参考线上时,可以选中并移动当前参考线;按【Ctrl】键的同时拖动鼠标则可以复制出新的参考线;将参考线拖动至页面以外,可将其删除。

9.9　元素对齐、分布与旋转

一套高端、大气、上档次的 PPT 不仅需要将版面设计美观,更重要的是对齐,所谓一齐遮百丑。WPS 演示除了使用网格线、参考线来摆放元素和对齐元素外,还提供了对齐的命令方便快速对齐多个对象。选择需要对齐的对象,单击【绘图工具】下的【对齐】下拉菜单,即可选择不同的对齐方式,见图 9-30。左对齐、右对齐、靠上对齐、靠下对齐四个对齐功能,可以让多个对象依照某个边界对齐。比如:按住【Shift】键选择多个对齐的对象,点击"靠上对齐",即被选对象按选择对象的最高点(顶部)边界对齐。

居中则是以对象各自的几何中心对齐或等分间距。比如:页面上放置了多个(3 个及以上)素材,素材之间各有一段距离,但不是等距离放置。这时选择多个对象,然后单击【绘图工具】下的【对齐】下拉菜单,选择"横向分布"或"纵向分布",即可将素材之间的

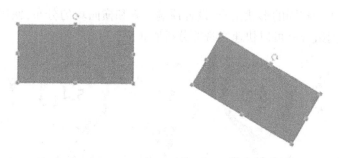

图 9-32　旋转

9.10　排列与组合

在一张幻灯片中放置多个元素时,为了使元素显得更具层次感,可以将元素设置为:"置于底层""置于顶层""下移一层""上移一层"。比如通常会给标题文字增加一背景色块,先编辑好文字并绘制好色块,鼠标选中色块后单击鼠标右键,将色块选为"置于底层"。当元素太多,各层太多看不过来时,可以重命名各层,通过灵活隐藏各层来修改目标层,或通过移动窗格中层的顺序改变层的层级。还可以隐藏图层,避免图层遮挡,方便我们操作。

在 WPS 演示中,后生成的元素默认放在最顶层,当对象不透明时,重叠的元素会出现遮挡的现象。利用这个原理,可以制作出如图 9-33 所示的封面效果:利用绿色无边线梯形遮盖背景图片得到。

图 9-33　元素置顶案例

当涉及多个元素的排版时,常常需要将某些元素组合在一起,形成一个整体,进而方便对其进行移动、旋转、设置属性等操作。当需要制作如图 9-34 所示的时间轴导航图时,先插入水滴状并顺时针旋转 135°并将其填充为蓝色背景,在其同心位置再插入圆形调整大小至合适并填充为白色背景,最后在水滴下方插入六边形并填充为蓝色,使用快捷键【Ctrl】+【G】将这三个形状组合在一起。使用鼠标拖曳即可实现中心等比变换,调整好大小后,再次复制 4 个相同的形状组合,设置顶端对齐和横向均匀分布,使用快捷键【Ctrl】+【Shift】+【G】取消组合就可以快速实现等分排版布局。

图 9-34　元素组合案例

9.11　格式刷

为了美观和快速排版,在 PPT 文档中,需要统一标题格式,包括字体、字号、颜色等。可以巧用 PPT 中的"格式刷"快速实现。在图 9-35 所示的课件中,第一张图片及文字效果已经做好,可使用格式刷快速将其格式复制给后面两张图及对应的文字。

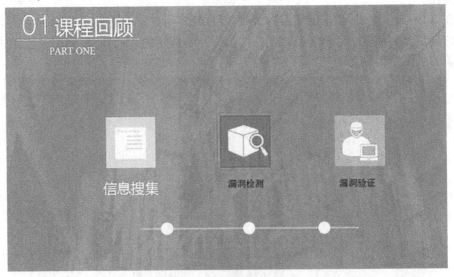

图 9-35　格式刷应用案例

操作步骤如下:选中文字"信息搜集",单击【开始】选项卡中的【格式刷】,当鼠标变成一把小刷子形状时,将它移动到"漏洞检测"后像刷子一样刷一遍文字,这样就应用了"信息搜集"的字体和字号效果。采用同样的方式可以将文字格式效果复制给"漏洞验证"。如果复制图片格式,采用同样的方式操作格式刷即可。WPS 演示中使用格式刷时要注意,单击格式刷时只能刷一次。双击时,就可以刷无数次,直到再次单击格式刷才取消。

第 10 章　WPS 演示设计美化篇

通过前面章节的学习,我们已经可以轻松地做出一个简单的 WPS 演示文稿了。那么怎样才能使演示文稿更加突出重点、亮点,一下抓住观众的眼球呢?如何让演示文稿更具表现力,更与众不同呢?我们可以在文字、线条、形状、表格和图片上下功夫。

10.1　点睛之"字":美化你的观点文字

在 WPS 演示文稿中,文字是不可或缺的重要内容。如果简单地将文字内容堆砌在 WPS 演示文稿中,会显得杂乱而没有层次,影响整个文稿的显示效果。那么,应该如何美化文稿中的观点文字呢?我们一起来学一学吧。

10.1.1　文字处理及字体选择

10.1.1.1　文字的逻辑梳理与信息提炼

在我们开始制作 WPS 演示文稿的时候,通常是依据已有的文档内容,在这些文档中一般文字叙述内容较多,不可能全部照搬至 WPS 演示文稿中。就需要先对现有的文字内容进行逻辑梳理,先将整篇文档进行分段,梳理出需要进行 WPS 演示的章节,再从每个章节的内容中梳理出每一页演示文稿需要呈现的内容,然后具体到每一页的内容并提炼出小标题和关键信息。通过这样的逻辑梳理和文字信息提炼,最后呈现出来的演示文稿可以让观众在第一时间聚焦作者想要表达的重点内容以及内容之间的逻辑关系,减少观众的理解成本,从而提高演讲效率。

10.1.1.2　文字的风格统一

在观看一些 WPS 演示文稿的时候,经常会遇到这样一个问题,就是单看某一张演示文稿可能会觉得还不错,但是当把所有的页面放在一起看的时候就会发现,不像一套 WPS 演示文稿。仔细观察就会发现,文稿中有的页面是蓝色系,有的是红色系;有的页面标题在中间,有的页面标题在左边;又或者是有的页面一级标题字体是微软雅黑 32 号,而有的却是黑体 28 号。造成这种问题的原因就是设计者没有考虑到 WPS 演示文稿的风格统一。美化 PPT 很重要的一点就是要做到文字风格的统一。一个好的 WPS 演示文稿,给人的第一印象通常是具有统一的文字风格。

10.1.1.3　WPS 字体的选择

字体的类型不同,带给人的感觉也是不一样的。在不同主题风格下需要选用适合的字体,常见的主题风格包括商务风、中国风、科技感、儿童风、女性风等。

商务风的场景一般比较正式严肃,要求 WPS 演示文稿体现出目标明确、条理清晰、主题鲜明的特点,可以选用一些沉稳大气的无衬线字体,以便于高效地传递信息,例如 WPS 演示内置的微软雅黑、华文细黑、方正黑体简体,可以应用于项目汇报、毕业答辩等正式场合。

中国风的场景要求展现大气磅礴等特点,例如康熙字典体。

科技感的场景要求体现高端现代等特点,可以用到的字体如方正兰亭超细黑简体、微软雅黑 light。

儿童风的场景要求展现童真可爱等特点,例如方正卡通简体、方正稚艺简体。

女性风的场景要求字体体现出女性柔美的特点,例如方正兰亭超细黑。

10.1.2　创意文字

文字是 WPS 演示文稿中非常重要的元素之一,有时候为了让 WPS 演示文稿更加美观,有吸引力,我们一般会对文字进行一些特殊的处理,让其看起来更有创意,以便更好地吸引观众的注意力。

创意,这两个字看起来很简单,实际要做到却非常难。不论是做 WPS 演示文稿还是做策划,我们经常苦于没有创意,想不到特别的表现方式,因此作品变得普通,没有新意。接下来,我们来说说怎么才能够让自己的 WPS 演示更充满创意感。

10.1.2.1　文字与图片相融合

文字与图片相融合,做出文字贴在路面上的效果。像这种将文字直接贴在路面上的效果图片不仅能增添 PPT 的新意,还能吸引别人的注意,更能起到一种信息传递的效果。

首先在页面中插入一张图片作为 WPS 演示文稿的背景,如图 10-1 所示,然后插入一个文本框,输入文字"2020",设置文字格式为"Arial Black"字体,大小为 96 号加粗,在【文本选项】中设置文字颜色为中紫色,透明度设为 60%,文本轮廓为无线条,如图 10-2 所示。再按照图 10-3 所示,点击【形状选项】→【效果】,在"三维旋转"中,选择"透视""适度宽松",Y 旋转 310°,透视 120°。最终效果如图 10-4 所示。

 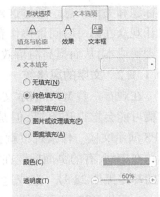

图 10-1　演示文稿 2020 背景图片　　　　图 10-2　演示文稿 2020 文本设置

10.1.2.2　镂空文字制作

镂空文字效果是指文字部分镂空,可以透视显示下一层的信息,常常用于封面文字的制作。

先在页面中插入一张图片作为 WPS 演示文稿的背景,然后插入一个文本框,输入文字"WPS 镂空文字效果",将文字的字体设置为"华文琥珀",大小设置为 60 号,文字加粗;然后插入一个圆角矩形,填充为白色,透明度设置为 40%,调整到合适的大小,如

图 10-3　演示文稿 2020
透视设置

图 10-4　文字与图片融合效果

图 10-5 所示。先选中圆角矩形，按住【Shift】键同时选中文字，按照图 10-6 所示点击【绘图工具】→【合并形状】，选择"剪除"得到镂空的圆角矩形。最后将圆角矩形调整到合适位置，效果如图 10-7 所示。

图 10-5　插入镂空文字

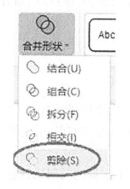

图 10-6　设置合并形状

图 10-7　制作镂空效果

10.1.2.3　化字为图

通过使用【文本工具】→【文本填充】功能，将文字做成和图片一样美，实现"图片即文字，文字即图片"的效果。填充的内容可以根据主题呈现的不同选择适合的"图片或纹理"或者"图案"。

为了将文字做图片化呈现，在化字为图时一般选择较粗的字体。本例中输入文本"向日葵"，设置字体为华文琥珀，然后选择【文本选项】→【文本填充】，选择"图片或纹理填充",选择合适的图片进行填充,如图 10-8 所示。

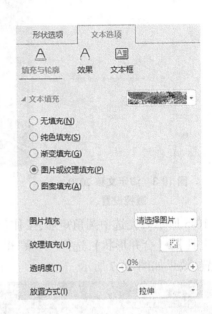

图 10-8　化字为图示例

10.2　它不仅是一条线:论 PPT 线条之美

在 WPS 演示设计中,线条是最基础也是最常见的基本元素之一,巧用线条可以让 WPS 演示排版更加精美专业。合理地使用线条,还可以实现引导阅读、关注重点、划分区域、串联主题等功能。

10.2.1　引导阅读

10.2.1.1　线条在时间轴中的应用

利用线条具有延续性与方向性的特点,在标题、某些重要信息处添加线条可以吸引观众的视线,关注重点的信息,或者是按照线条走向来进行阅读,起到关注重点、引导阅读、划分区域、串联主题等效果。

通过线条指引让视觉走向更明确,如图 10-9 所示,WPS 演示中常见的时间轴,通过清晰的线条走势,给观众或读者视觉引导,让他们可以按照我们规划的路线依次阅读。

10.2.1.2　线条在流程图中的应用

线条除了可以表示时间轴的概念,还可以用于呈现流程图、先后步骤以及递进关系等内容,也适合使用线条进行视觉引导,目的是让观众更好的理解,如图 10-10 所示。

10.2.2　划分区域

在 WPS 演示文稿中,合理地使用线条可以对页面中的内容进行分隔,可以使页面内

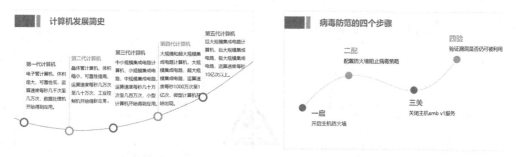

图 10-9　WPS 演示时间轴示例　　　　图 10-10　线条在流程图中的应用

容整齐有序,方便阅读和观看。利用线条对版面内容进行视觉的隔断,使其成为并列关系,可保持版面元素对齐和排序,并且使你的 WPS 演示页面干净整洁。

图 10-11 是一页没有线条分割的页面,虽然页面信息已经通过对齐的方式进行了统一排列,但与图 10-12 相比,后者增加了分割线条,会让内容间的界限更加清晰,整个页面更有条理,同时线条也能起到装饰衬托的作用。

图 10-11　未使用线条分割　　　　　图 10-12　使用线条分割

10.2.3　串联主题

线条除了有指向作用,还有串联的作用。如果有多个元素贴近主题, 要让他们看上去有关联,可在这些元素之间加串联线条,使其与主题结合起来。如图 10-13 所示,通过线条的串联,版面整体性更强,这里的圆形线条和直线就起到了串联主题的作用,让主题与其他元素之间关联性更强。

10.2.4　关注重点

线条可以很好地聚焦视线,强调页面重点信息。深挖其中的原理,可以这样理解:线条的存在,使得主题信息画了一个范围,在视觉上等于是划定了视觉焦点,从而起到了突出主题的作用。添加线框也可以通过空间关系让设计更有立体感,增加设计的层次,起到突出重点的作用,如图 10-14 所示。

图 10-13　使用线条串联对象

图 10-14　使用线条关注重点

10.3　6 个小技巧让你的形状悄悄美起来

形状是 WPS 演示文稿中最常见的元素,运用的场景非常多。别看形状这么多,真正你平时用得到的也就是矩形、圆形、圆角矩形、三角形、线段、文本框等。利用布尔运算还可以利用这个几个基础形状绘制出变体形状来。

10.3.1　形状调节

打开 WPS 演示文稿的形状列表,里面内置了几十种现有的形状可供我们直接使用,其中包括线条、矩形、基本形状、箭头总汇、公式形状、流程图、星与旗帜、标注和动作按钮分类。在使用的过程中,我们还可以对其进行适当的调整以达到美化形状的目的。圆角矩形通过调整黄色的控点,将控点向右拖动到合适的位置,使得圆角更加圆润,如图 10-15 所示。缺角矩形通过调整黄色控点,将控点向右拖动变化为星形,如图 10-16 所示。

10.3.2　通过编辑顶点改变形状

在制作 WPS 演示文稿封面时,可以通过编辑顶点的方法制作一些带有优美曲线的形状,将形状插入到封面页,使其更具设计感。

首先在一页空白的 WPS 演示页面插入【形状】→【矩形】,宽度调整为与演示文稿一

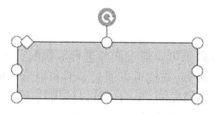

图 10-15　圆角矩形调整

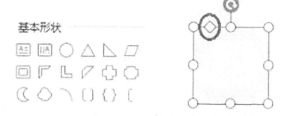

图 10-16　缺角矩形调整

致,高度为 10 cm,填充颜色为暗板岩蓝(浅色 80%);然后依次插入两个同样宽度的矩形,高度分别设置为 8 cm 和 6 cm,颜色设置为暗板岩蓝(浅色 40%)和暗板岩蓝(深色 25%),如图 10-17 所示。选中深色的矩形,单击鼠标右键选择【编辑顶点】,矩形的 4 个顶点出现黑色小点,选中其中 1 个黑色小点,又会出现 2 个白色的小点,拖动白色小点可调整曲线的幅度,调整后的效果如图 10-18 所示。

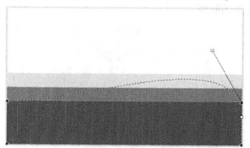

图 10-17　编辑顶点调节矩形一边的弧度

图 10-18　优美曲线插入示意图

10.3.3　利用现有形状进行组合

　　WPS演示文稿中内置的形状(见图10-19)除了可以通过调节进行形状的美化外,还可以通过形状的有序组合来达到美化的效果。例如,我们可以通过心形和矩形的形状变换和组合来绘制四叶草图形,如图10-20所示。同样的,我们还可以使用其他的基本形状,通过一定的规律进行组合,生成各种创意的组合形状,如图10-21所示。

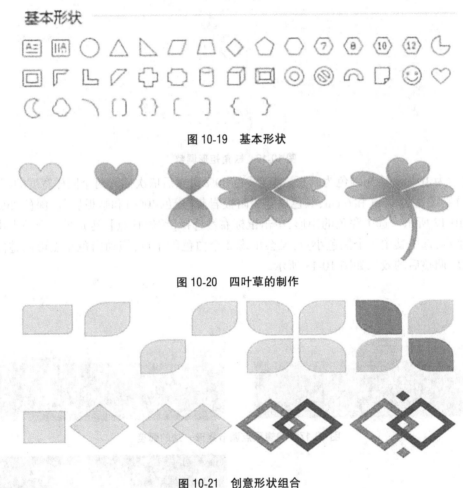

图 10-19　基本形状

图 10-20　四叶草的制作

图 10-21　创意形状组合

10.3.4　改变颜色设置更多效果

　　前面学习了一系列美化形状的方法,那么除调节形状和形状组合外,我们还可以通过改变形状的颜色来实现更棒的美化效果。

10.3.4.1　设置渐变色

　　图10-22(b)所示的页面就是使用了渐变色填充形状的效果图,比简单使用纯色填充更加轻盈,更具设计感。

　　在一页空白的WPS演示文稿页面,选择【形状】→【圆角矩形】,将圆角矩形的形状调

図 10-22　渐变色

整得更加圆滑,然后选择【绘图工具】→【形状选项】→【填充与线条】→【渐变填充】,渐变颜色设置左边为浅蓝色,右边为白色,无线条,效果如图 10-23 所示。

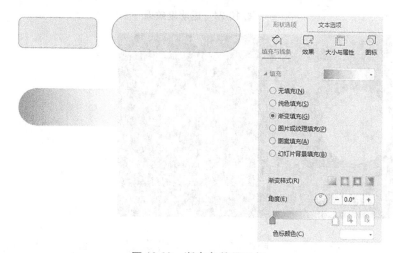

图 10-23　渐变色使用示例

10.3.4.2　调整透明度

调整填充色的透明度也是 WPS 演示形状美化中比较常用的一种方法。图 10-24 中的三个圆形形状就使用这种方法,通过透明度的改变,圆形中不仅显示出自身的填充颜色,还能透视出背景色,就能让它像是一个个小气泡一样灵动。

首先在页面中插入合适的背景图片,然后在背景图上插入同样大小的矩形,将矩形颜色设置为深蓝色,透明度调整到 9%,无线条。然后插入一个正圆形,调整到合适大小,设置填充方式为"渐变填充",渐变方式选择"射线渐变"→"中心辐射",然后设置 0% 位置的渐变光圈颜色为深蓝色,透明度设置为 100%;100% 位置的渐变光圈颜色为绿宝石,透明度为 30%。为了更好地控制渐变光圈的颜色,在中间位置再添加一个渐变光圈,颜色同样设置为绿宝石,这样我们可以通过调整这个光圈的位置和透明度来改变渐变效果的层次。透明度调整使用步骤见图 10-25。

10.3.5　图案或图片填充

前面在文字美化的部分我们提到过,可以将文字的字体设置为粗体,然后填充图片进

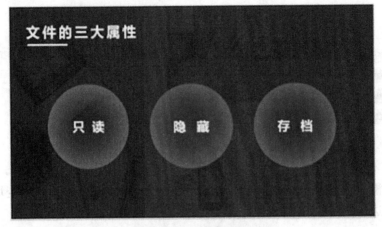

图 10-24　透明度效果

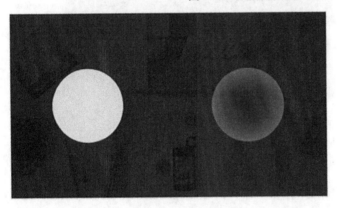

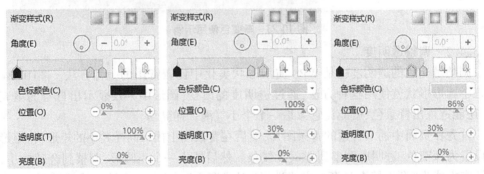

图 10-25　透明度调整使用步骤

行美化。同样的,形状也可以通过这种填充图案或者图片的方式来达到更加美观的效果。

　　如图 10-26 所示,在 WPS 演示页面中插入一个圆角矩形,将圆角矩形调整到合适大小,可以根据插入图片的数量复制出相同数量的圆角矩形。选中其中一个形状,选择【绘图工具】→【填充】,选择【图片或纹理】→【本地图片】,选择需要插入的图片,将其填充到圆角矩形中,同理可以将多张图片填充至圆角矩形中。通过这种方法可以快速统一图片的形状和大小。

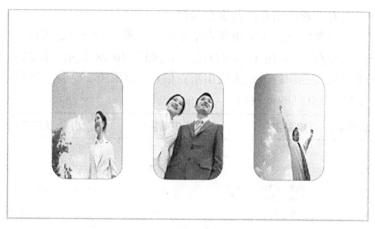

图 10-26 图片填充使用示例

10.4 表里不如一:不一样的表格

在制作一些数据统计相关的 WPS 演示时,常常会使用到表格来展示数据信息。大部分人在使用表格时,大概率都会直接插入一个默认的表格样式,填入相应的内容后了事。这样的表格样式粗糙呆板,毫无美感可言。那么想要美化表格,我们应该从哪些方面入手呢?

10.4.1 文本的对齐方式

在一个表格中,可能会出现的信息大致包括文字、数字、日期等。对于文字信息,在内容较少时,采用左对齐、居中对齐或者是右对齐都是可行的,内容较多时一般建议使用左对齐,可以让表格的排版显得更加齐整(见图 10-27)。而对于数字类型的信息,如果是为了方便比较数据的值的话,建议使用右对齐,这样数字的大小可以很直观地通过位数长短差异体现出来。

年度排名	电影名称	历史排名	总票房	上映年份
1	变身特工	695	10200万	2020
2	美丽人生	932	5934万	2020
3	紫罗兰永恒花园 外传，永远与自动手记人偶	1028	4806万	2020
4	鲨海逃生	1045	4674万	2020
5	熊出没·狂野大陆	1188	3572万	2020
6	为家而战	1639	1697万	2020
7	灭绝	1687	1579万	2020
8	理查德·朱维尔的哀歌	2314	565万	2020

年度排名	电影名称	历史排名	总票房	上映年份
1	变身特工	695	10200万	2020
2	美丽人生	932	5934万	2020
3	紫罗兰永恒花园 外传，永远与自动手记人偶	1028	4806万	2020
4	鲨海逃生	1045	4674万	2020
5	熊出没·狂野大陆	1188	3572万	2020
6	为家而战	1639	1697万	2020
7	灭绝	1687	1579万	2020
8	理查德·朱维尔的哀歌	2314	565万	2020

图 10-27 表格调整技巧

10.4.2 突出重点信息

在 WPS 演示中使用表格的本意是为了借助表格承载数据的特点来让“数字说话”,但有时候由于表格中的信息过多反而会给观众造成干扰,适得其反。这种情况一般是由于页面设计时没有对关键的信息进行突出强调。

那我们可以通过哪些方法来突出重点信息呢？一种非常简单的方法是可以借用线条的粗细对比来突出重点，常常用于标题行的突出，如图 10-28 所示。除线条外，还可以通过给表格的某部分填充色块的方式来突出重点信息，如图 10-29 所示，既可以用于突出标题行，也可以用于突出重点的列数据。

年度排名	电影名称	历史排名	总票房	上映年份
1	变身特工	695	10200万	2020
2	美丽人生	932	5934万	2020
3	紫罗兰永恒花园 外传：永远与自动手记人偶	1028	4806万	2020
4	鲨海逃生	1045	4674万	2020
5	熊出没·狂野大陆	1188	3572万	2020
6	为家而战	1639	1697万	2020
7	灭绝	1687	1579万	2020
8	理查德·朱维尔的哀歌	2314	565万	2020

图 10-28　线条对比突出重点

年度排名	电影名称	历史排名	总票房	上映年份
1	变身特工	695	10200万	2020
2	美丽人生	932	5934万	2020
3	紫罗兰永恒花园 外传：永远与自动手记人偶	1028	4806万	2020
4	鲨海逃生	1045	4674万	2020
5	熊出没·狂野大陆	1188	3572万	2020
6	为家而战	1639	1697万	2020
7	灭绝	1687	1579万	2020
8	理查德·朱维尔的哀歌	2314	565万	2020

年度排名	电影名称	历史排名	总票房	上映年份
1	变身特工	695	10200万	2020
2	美丽人生	932	5934万	2020
3	紫罗兰永恒花园 外传：永远与自动手记人偶	1028	4806万	2020
4	鲨海逃生	1045	4674万	2020
5	熊出没·狂野大陆	1188	3572万	2020
6	为家而战	1639	1697万	2020
7	灭绝	1687	1579万	2020
8	理查德·朱维尔的哀歌	2314	565万	2020

图 10-29　色块对比突出重点

有时我们只需要突出某个数据，或者某几个不相邻的单元格中的数据，这种情况也可以使用给单元格填充色块的方法来突出，或者是直接将需要突出的数据字体调大、加粗并设置为比较显眼的颜色来实现，如图 10-30 所示。

年度排名	电影名称	历史排名	总票房	上映年份
1	变身特工	695	**10200万**	2020
2	美丽人生	932	5934万	2020
3	紫罗兰永恒花园 外传：永远与自动手记人偶	1028	4806万	2020
4	鲨海逃生	1045	4674万	2020
5	熊出没·狂野大陆	1188	3572万	2020
6	为家而战	1639	1697万	2020
7	灭绝	1687	1579万	2020
8	理查德·朱维尔的哀歌	2314	565万	2020

图 10-30　局部突出显示

10.4.3　表格的视觉化呈现

　　通过文本对齐的方式,表格中的数据信息达到了视觉统一的状态,初步实现了工整美的效果,然后通过突出重点信息的方法,使得读者非常容易地获取到 WPS 演示页面中的关键信息,从而节约了大量的阅读成本。表格美化已完成基本的两个步骤,而最后如何将表格视觉化地呈现给观众呢? 一种简单而实用的方法是通过卡片的样式来呈现表格数据。

　　首先在页面中插入一张跟表格主题比较接近的图片,本例中表格数据中“2020 年内地电影票房总排行榜”,就可以选择一张跟电影相关的图片作为背景图,为了避免背景图太过抢眼,分散观众的注意力,可以在背景图上再插入一张同样大小的透明蒙版,然后将表格的标题和数据复制到页面,选中整个表格,点击【表格样式】选择【边框】,设置无框线。最后在表格下方插入一个圆角矩形,调整圆角矩形的颜色和透明度。最终效果如图 10-31 所示。

| 2020年内地电影票房总排行榜 | | | | |
年度排名	电影名称	历史排名	总票房	上映年份
1	交易特工	695	10200万	2020
2	美丽人生	932	5934万	2020
3	紫罗兰永恒花园 外传:永远与自助手记人偶	1028	4806万	2020
4	鼠年逃生	1045	4674万	2020
5	解忧没法野大陆	1188	3572万	2020
6	为家而战	1639	1697万	2020
7	天池	1687	1579万	2020
8	建军穆朱诺竹的赞歌	2314	565万	2020

图 10-31　表格视觉化呈现

10.5　图片的美化

　　在 WPS 演示中常常会展现素材图片、拍摄的照片等,如果直接插入到演示文稿中,会显得比较生硬,没有特色。通过学习前面的课程,我们知道在对图片进行美化时,可以通过使用特效、添加边框、图片裁剪、图片遮挡、抠图等手段来美化图片。除这些常规的方法外,我们还可以通过哪些手段来美化图片呢?

10.5.1　添加蒙版美化

　　在一些封面设计时,可以直接插入一张图片作为全图形的封面页面背景,为了使得重点标题文字突出,常常会在图片之上再加一层蒙版,来设计出比较有特色的封面页。图 10-32 示例就是采用了这种方法,在添加蒙版时,还使用了形状的“编辑顶点”功能,将形状调整到合适的弧度,增加了页面的设计感。

10.5.2　特殊形状填充美化

除了添加蒙版对图片进行美化,还可以借助形状的"图片填充"功能,设计出更多更加有特色的图片效果。从图 10-33 中我们可以看到,仅仅使用简单的正圆形将图片美化之后,再搭配文字,点缀些线条,就是一页很不错的封面,效果如图 10-34 所示。

图 10-32　蒙版美化图片效果　　　　　　　图 10-33　特殊形状填充美化

操作步骤为:先在空白页面插入一些正圆形的形状,按照一定的审美调整圆形的大小和摆放位置,如图 10-34 所示。然后选择所有的圆形,将它们组合在一起。选中组合后的形状,设置对象属性【填充】→【图片或纹理填充】,选择合适的图片,在图片"放置方式"下选择"拉伸"。

10.5.3　表格填充美化

使用多个图形的组合来填充图片,可以得到颇具创意的图形效果。同样的,使用表格也可以将图片做出出彩的设计效果。下面的图片就是使用了表格填充的方法,将图片设计成由一个个小方格组合而成的整体图形。

首先插入一个 4 行 8 列的表格,将表格的宽度和高度均设置为 4 cm,选中所有表格,选择【表格样式】→【清除表格样式】,如图 10-35 所示。然后在页面中插入一张精选的图片,将图片的宽度和高度调整为跟整个表格一致,如图 10-36 所示。在图片上单击鼠标右键,选择【剪切】,选中所有表格,在【形状选项】→【填充】中选中【图片或纹理填充】,图片填充选择"剪贴板",放置方式选择"平铺",得到如图 10-37 所示效果。最后设置表格样式中的边框,将边框颜色设置为白色,线条宽度设置为 6 磅,应用至所有框线,最终的呈现效果如图 10-38 所示。

通过上面的方法将图片设计成一个个小小的方格组成的样式之后,我们还可以再调整每个方格的透明度,做出错落有致的虚化效果,如图 10-39 所示。选中单元格,点击【表格样式】→【填充】→【更多设置】,在【形状选项】→【填充与线条】中,将透明度设置为100%,那么该单元格中填充的图片部分将不显示,设置为 70%,该单元格填充的图片部分将被弱化显示。

10.5.4　图片的排版美化

当页面中只有一张图片时,我们可以采用全图型的页面,通过添加蒙版的方式来美化图片,或者是通过裁剪做出半图形的页面。对于某些素材图片,大小不够铺满整个页面,

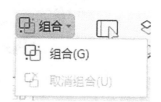

图 10-34　特殊形状填充美化示意图

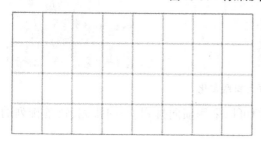

图 10-35　插入表格

图 10-36　插入图片

图 10-37　表格填充图

图 10-38　最终效果图

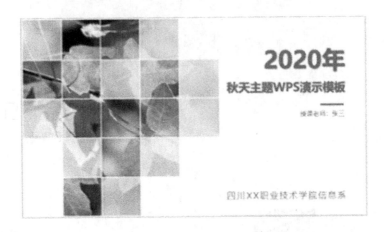

图 10-39　虚化效果

我们还可以通过添加一个渐变的蒙版来遮盖图片空白的部分,从而在视觉上对图片进行补全,如图 10-40 所示,左图的人物图片等比例调整后不能覆盖整个页面,如果直接将图片拉伸至页面等宽,会显示失真、影响页面美观。这时,可以在页面中插入一个与页面等大的矩形,并将矩形设置为无线条,渐变样式选择到右侧,填充颜色可以根据图片选择相近的颜色。

图 10-40　图片排版美化

当一个页面中需要插入多张图片时,我们可以采用横向排列、竖向排列、错落排列的方式来对图片的排版进行美化。

10.5.4.1　图片横向排列

图片横向排列是一种简单而不失美观的图片排列方式,只需要简单地将选好的素材图片插入页面中,通过等比例缩小图片尺寸和图片裁剪等操作将图片调整到合适大小,横向并列排放即可。通常为了使图片呈现更加美观,会额外添加色块来丰富视觉效果,还能起到统一图片的效果,如图 10-41 所示。

10.5.4.2　图片竖向排列

图片竖向排列可采用半图形页面的设计方式,首先将素材图片等比例调整到与页面同样的宽度,再将图片裁剪为页面 1/2 的高度。通常为了突出主题文本内容,会通过添加蒙版的方式对图片稍加弱化,如图 10-42 所示。

图 10-41 图片横向排列

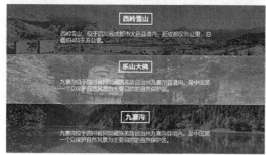

图 10-42 图片竖向排列

10.5.4.3 图片错落排列

除了横向排列和竖向排列,我们还可以使用错落排列的方式排列图片,增强页面的透气感,如图 10-43 所示。

图 10-43 图片错落排列

参 考 文 献

[1] 谭有彬,倪彬. WPS Office 2019 高效办公[M].北京:电子工业出版社,2019.

[2] 秋叶. 和秋叶一起学 Word [M].3 版.北京:人民邮电出版社,2020.

[3] 马强,沈敏捷. 计算机文化基础[M].北京:中国电力出版社,2020.

[4] 秋叶,陈陟熹. 和秋叶一起学 PPT [M].4 版.北京:人民邮电出版社,2020.

[5] 马强,沈敏捷. 计算机文化基础实训[M].北京:中国电力出版社,2020.

[6] 燕飞,何冰,陈建莉. 大学计算机基础 [M].成都:西南交通大学出版社,2016.

[7] 秋叶,黄群金,章慧敏. 和秋叶一起学 Excel [M].2 版.北京:人民邮电出版社,2020.

[8] 新时代教育.WPS Office 办公应用从入门到精通 [M].北京:中国水利水电出版社,2019.